U0363765

守护型保育系列丛书

0~2岁的保育

在伙伴关系中培养孩子的能力

〔日〕藤森平司◎著　孔晓霞◎译

contents

MiMAMORU hoiku

MiMAMORU hoiku

contents

contents

contents

MiMAMORU *hoiku*

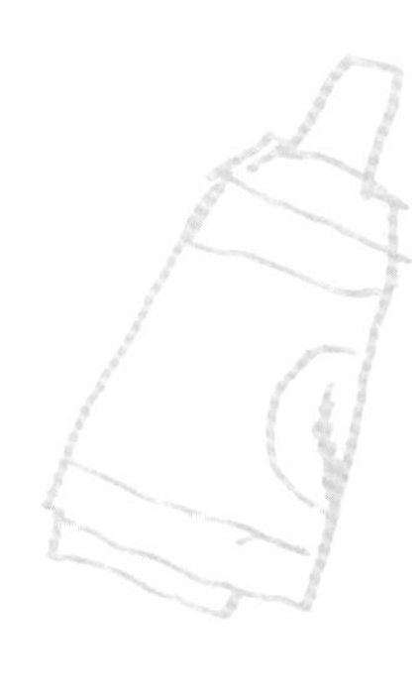

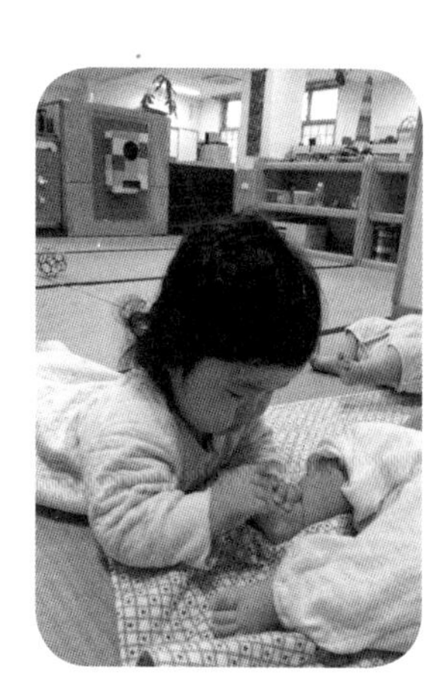

contents

contents

前言

在观察孩子的时候，我会思考很多问题，那就是有关“人”的不可思议。

没有什么人生经历、受环境影响较少的新生儿，对于思考“什么是人类所继承的遗传基因”而言，是很好的观察对象。在思考各种问题时，我们甚至会想到宇宙的起源。我们知道，宇宙起源于被称作宇宙大爆炸的膨胀。这种膨胀开始后1秒钟，就准备好了其膨胀之后的所有东西。也就是说，正是这1秒钟，就准备好了未来在宇宙中将要诞生生物，进而从生物中诞生人类。可是，宇宙为什么需要生物呢？又为什么需要人类呢？或许，人类被赋予将宇宙存续下去的某种使命。如此思考，则需要重视婴儿的行动以及行动本身所存在的意义。

与其他生物不同，人是可以站立的。由于可以站立，脑部变大，因此造成婴儿出生时容易出现难产，需要他人的帮助。婴儿的诞生是众人帮助的结果。婴儿不仅在出生时需要众人的帮助，在发育过程中单靠母亲一个人照顾也非常困难。婴儿的味觉和嗅觉也是在和许多人一起吃饭时形成的，还有许多东西都是在与他人的接触中学到的。但是，为了降低人与人接触的风险，婴幼儿需要与特定的人形成依附关系。婴幼儿保育的目的不仅是为了形成依附关系，而且是作为形成依附关系的基础，让婴儿在与各种各样的人和物的接触中学习。最近的研究表明，孩子与孩子的相互接触是否从婴儿时期开始至关重要。

我们需要摒弃过去所形成的固有观念，重新审视孩子，在思考每个孩子都是具有独立人格、具有与成年人不同作用的存在的意义时，会发现许多新的东西。

MiMAMORU

从两者关系到社会网络

mimamoru hoiku

什么是依附

◆自己的事情自己做

我每年都要去德国慕尼黑考察保育设施。2011年10月去德国考察时，最先访问的是0～3岁孩子的保育设施。在德国，保育形态不是按照年龄区分，0～3岁的孩子都在一起生活，混龄班比较普遍。婴儿上厕所的情景也非常有趣。婴儿即使是爬着去厕所，保育人员也一点都不着急，就在厕所前面等着。厕所里面有一个带梯子的、换尿布的台子，婴儿都是自己爬到台子上去，而不是由保育员抱上去。

我还参观了3～6岁孩子的保育设施以及其他保育设施。在这些保育设施中，孩子们也都是默默地按照自己决定的内容开展活动。我们保育园的保育方针也是主张从婴儿期开始就尊重孩子的自主性，因此对德国保育园的很多做法就很容易理解。最近，日本

托儿所和幼儿园

在德国的慕尼黑，3岁以下孩子的保育设施叫托儿所（Kinder Krippe），3~6岁孩子的保育设施叫幼儿园（Kindergarten），0~6岁孩子的保育设施称为koop。

幼儿园的孩子们专心致志地在玩自己选择的游戏。

德国幼儿园（koop）的早会。0~6岁的孩子集中在一起，由年龄大一点的孩子（腿上放着白板的女孩）主持会议。

带梯子的换尿布台，孩子会自己爬到上面，让保育员给自己换尿布。

年龄稍大一些的孩子满地跑的现象比较多。如果孩子是因为高兴而满地跑是没有问题的。而有些时候，孩子似乎是因为情绪不稳定而满地跑；有些时候，是有发育障碍的孩子在满地跑，自己找不到自己想做的事情，只是毫无意义地乱跑。德国主张婴儿能够做的事应该由婴儿自己做，而在日本，年龄稍大一些的孩子都不知道自己应该做什么。同样是孩子，却为什么有着这样的差异呢？

mimamoru hoiku

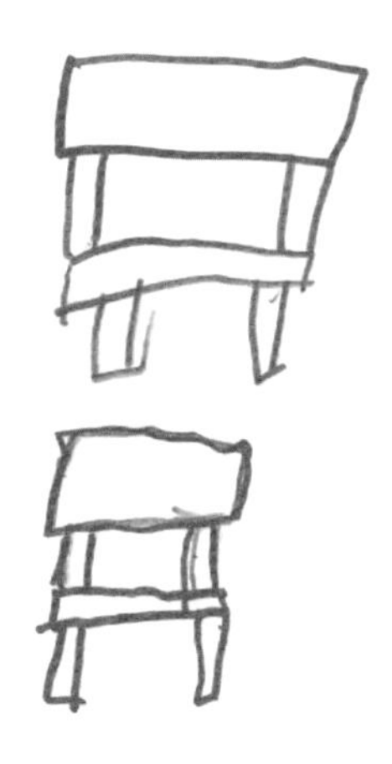

◆婴幼儿教育与初等教育的关系

日本婴幼儿教育设施的雏形源于东京女子师范学校（现在的日本御茶水女子大学）附属幼儿园，是一个重视为上小学做准备的幼儿教育设施。那么，学校是一个什么样的地方呢？

现在，世界上很多地方都将小学教育称为初等教育，小学校是接受初等教育的场所。初等教育的目的是教授基础知识，采用的是教师将知识传授给孩子的方法，传授知识的场所就是教室。为了便于传授知识，教室的前面是讲台、黑板，桌子的排列要考虑孩子能够听到教师的声音以及教师的视线可达到的距离。通常认为一个班级50人左右比较合适。采取教师面对多数学生（便于传授知识）的形式。这就是日本明治时期学校的基本形式。这个形式被原封不动地套用于保育设施，变成一个教师面对多数孩子、从上至下、便于发出指令这样的形态。

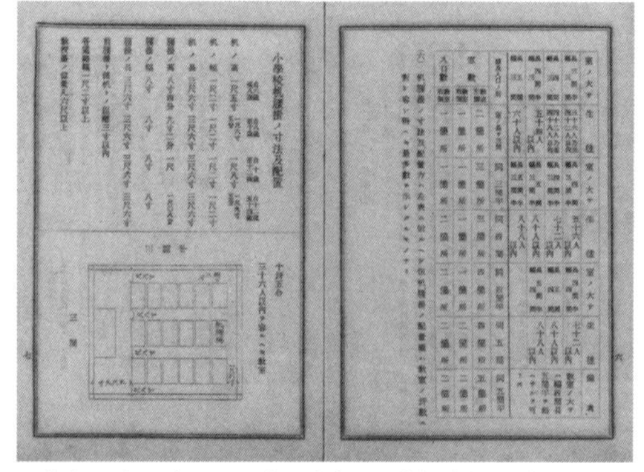

日本在明治28年（1895年）公布了《学校建筑图说明及设计大纲》，制定了建设校舍的各项标准。（日本国会图书馆收藏）

保育室不是教室，是孩子们玩和生活的空间。

现实中，幼儿园和保育园实施的不是初等教育，而是婴幼儿教育。婴幼儿教育不是教授孩子们知识，而是为未来接受知识打基础。这个基础就是让每个孩子都能够很好地完成发育。发育不是在教师的教授和指导下完成的，而是由孩子们通过自己的行动来完成。虽然是孩子们自己行动，但绝不是放任不管。为了孩子们能够健康、顺利地完成发育，需要一个辅助他们完成发育的环境。保育人员的作用不是像小学教师那样教授知识给孩子，而是准备一个能够让孩子们充分完成发育的环境。在保育人员准备好的环境中，孩子们通过玩和生活去完成发育。保育室不是教室，而是孩子们玩和生活的空间。在初等教育中，有将各种知识加以整理后的语文、算术等科目，而在婴幼儿教育中，则是将孩子发育所需要的内容整理成为“领域”。追溯到幼儿园是为进入小学做准备的这一原点，直至今天，在日本的婴幼儿教育中，保育园还是像小学校那样，在教室里给孩子上课，这种情况在幼儿园里比较普遍。而保育园又是什么一种状况呢？日本的保育园依然具有替代没有保育条件的家庭看护孩子的功能，在许多保育园里，保育人员似乎在代替母亲的作用。有的孩子到了5岁仍然找

自己的袋子自己挂上。合适的环境可增长孩子的能力，促进孩子的发育。

玩过的玩具自己收拾。通过每天的生活逐渐打下接受初等教育的基础。

不到自己想要做的事情，只是满地乱跑。这其中也许有保育人员的责任，因为他们未能准备好让孩子自己主动做些什么的环境。

那么，几岁开始从婴幼儿教育转入初等教育比较合适？最近脑科学研究的成果表明，8岁左右比较合适。因为在这个阶段，人的大脑迎来临界期。临界期前后有什么不同呢？8岁前的孩子必须通过亲眼看、亲耳听、亲手摸这样的直接体验才能够学到知识，因此，在此期间培养五感十分重要，五感主要是通过玩和生活来培养。而8岁以后，则可以通过读书，也就是非亲耳、亲眼的听和看这样的间接体验掌握知识。在小学低年级的教科书中，有些可以使孩子直接体验的内容，到了高年级，会增加像地理、历史等只能间接体验的内容。日本的婴幼儿教育是以0～6岁孩子为对象，而在多数国家婴幼儿教育是以0～8岁孩子为对象，在婴幼儿教育中尤其注重对0岁婴儿的教育。

脑的临界期

又称为感性期，是大脑发育最重要的时期。这个时期，在环境的影响下，大脑中用来记忆和感觉的神经回路集中形成，反复组合。语言、运动、音乐、数字等的临界期基本是在0～9岁，世界上将在临界期教授的内容称为婴幼儿教育。最近，对在这个时期应该具备的重要能力——“社会性”以及“人格形成”引起重视。

mimamoru hoiku

◆在婴儿保育中建立与孩子的依附[1]关系

日本的婴儿保育在世界上曾经是很先进的。其时，欧美普遍认为婴儿最好是由家里人看护，与建立面向婴儿的保育设施相比，更重视健全家长照顾3岁前孩子的育儿休假制度。最近，这些观点发生了变化，哺乳期婴儿保育迅速普及。曾被认为理所当然的理论看来需要重新梳理。

婴儿教育的根本在于母子关系，从这样的关系中形成依附（Attachment）关系。我曾问过我们的保育员，什么叫依附关系，大多数人回答："在母子关系中，重视孩子，以柔情包容孩子"。这是不正确的。

---

①依附理论（Attachment Theory），认为母婴关系在很大程度上与恋人关系相似。婴儿和母亲在一起时，可以得到心理满足，离开母亲会感到不安。婴儿有着被接纳和被重视的心理需求。如果婴儿发现母亲不在身边或者不理他，就会以哭闹来引起母亲的注意，期待母亲来满足自己。

保育人员是孩子们的安全基地，要让孩子们知道自己所在的位置，表明自己在守护他们的姿态。

依附关系

在心理学中，依附关系经常用在以母子关系为主的看护人与被看护人之间形成的情感联系上。婴儿依附的对象不仅仅是母亲，孩子逐渐会对自己发出的信号做出正确反应的人产生依附。依附还被用于表达对其他人以及动物等的特殊情感方面。

安全环

婴幼儿以安全基地为据点去扩展自己的活动范围。当他们感到恐惧或者不安时，就会逃回安全基地。感到安全后，会重新开始活动。

东京大学远藤利彦准教授常年从事依附理论的研究，他认为婴儿与大人之间有三种关系：第一种是孩子处于负面状态（不安、恐惧、担心）时，需要大人帮助他去克服；第二种是孩子处于正面状态（高兴）时，大人要和孩子一起高兴；第三种是大人以柔情和温暖包容孩子。其中，所谓依附关系指的只是孩子在负面状态时大人所起的作用。婴儿是从已经形成依附关系的大人这个安全基地出发，在好奇心和探求心的驱使下跑出去的，而在他跑去的地方，还是会感到危险和不安。当他返回来时，若有一个可以安心的安全基地，他就会再次跑出去，这被称作"安全环"，这种孩子与安全基地的关系就是依附关系。这种关系需要大人和孩子之间的互动。为了让孩子能够随时安心返回，保育员需要明确自己所在的位置，这就是守护的姿态。有无安全基地，会影响到孩子的积极性。

依附理论是以第二次世界大战后意大利的研究为基础的。当时，由于家长和孩子的关系不好，许多青少年走向了犯罪，人们普遍认为原因是婴儿时期未能在母子之间形成依附关系造成的。因此，研究认为婴儿期如果没有形成依附关系，会对今后处理人际关系产生负面影响。可是也有人提出，母子之间没有形成依附关系未必会导致成年后处理不好与其他人的社会关系。

人际关系

◆从两者关系到多样性（社会网络）

我们保育园也接受临时保育的孩子。临时保育的孩子原来都是在家里由母亲照看的。与每天在保育园生活的孩子相比，他们与母亲在一起的时间肯定要多一些。这些孩子送到保育园来的时候，会出现对别的孩子不感兴趣的情况。按道理说，如果

遇到困难时能够得到帮助。保育员应该是孩子们的安全基地。

母子关系很好，应该更容易建立起与他人的关系，但事实恰恰相反。这说明人与人的关系不取决于两者之间的依附关系，而是在多种多样的关系（社会网络）中形成的。

在日本以往的婴幼儿教育中，也出现过过于重视母子关系的情况。的确，对于婴儿来说，母亲的存在非常重要，但这并不是绝对的。假如家长出现问题时，由于有了孩子与保育人员之间形成的依附关系，保育员会成为孩子依附的对象。除此之外，孩子与孩子之间也可以形成依附关系。如果孩子自己情绪不好的时候，能够得到朋友的安慰，也可以获得巨大的力量。因此，与母亲之间的依附关系对孩子来说并不是绝对的，而是在遇到困难的时候，需要有人帮助克服。“在摔倒、受伤、感到疼痛的时候，会有人把他抱起来”。在孩子心里有这样一个人十分重要。这种安心感会成为孩子想要飞向外部世界的动力。保育人员应该是孩子在心理上可以依附的人。

社会网络

在发育心理学中，一直都非常重视母子之间的依附关系。然而，在重视这种依附关系的同时，却忽视了与发育相关的其他重要的关系。实际上，其他经历也会对孩子的发育产生影响，尤其是对孩子的社会性及其情感发育有着持续性的影响，这就需要一个包括母亲在内的、由许多人构成的社会环境，由此诞生了“社会网络理论”。这一理论认为，母子关系是基础，人与人的关系应逐渐扩展到所有家庭成员、所有朋友。针对这一理论，还有人认为，婴儿本来就是社会网络的能动性的参与者，是他们自己去扩展人与人的关系，向多方面发展。

德国的保育现场。需要帮助时，孩子就会跑到守在树荫下的保育员那里求助。

几年前，我在德国考察时，曾经邂逅了这样一幕。

那是6月末一个炎热的夏日。到了室外活动的时间，孩子们都跑到太阳底下，戴帽子的孩子寥寥无几。保育员也不说让他们戴上帽子。我不由问道"这么晒，不要紧吗？"保育员回答说，"没关系，孩子觉得热了，自己就会到阴凉地去玩。"沙子堆没有阴凉地儿，孩子们就跑来对保育员说，"给我们弄把遮阳伞吧"。而不用遮阳伞在太阳底下玩的孩子就会对保育员说，"给我们涂点防晒霜吧"。当孩子们跑到院子里时，3个保育员却在阴凉地儿开始喝茶。我当时想，她们不管孩子，自己却在阴凉地儿喝茶，太不像话了。可仔细一想，这是我的误解。我发现，孩子们遇到什么问题时，就会跑到保育员这里来。保育员已经给孩子们明示了自己所在的位置，给孩子提供了安全基地。如果保育员和孩子们一起玩，孩子们也有可能会找不到保育员。孩子们知道，当他们遇到什么问题时，有人能够帮助他们，所以他们可以安心地玩。也就是说，这些保育员已经为孩子们提供了安全基地。并非一直和孩子们一起玩才是好的保育员。遇到困难的孩子回来找你，要求你给予帮助时，你能够回应孩子，就是好的保育员。在孩子不需要时不要伸手相助。

在阳光充足的沙堆上玩，请保育员撑起一把太阳伞。

mimamoru hoiku

◆3岁前的孩子应该放在家里吗

我们再来说说日本。尽管人们普遍认为人与人的关系是在社会网络中形成的，但仍有人认为，“3岁以下的孩子最好放在家里自己带”。对于这样的观点，我不由得反问自己“真的是这样吗？”因为自己在家里带孩子，并不是一件简单的事情。家里只有母亲一个人带孩子时，母亲不可能时刻陪伴着孩子。婴儿吸完母乳，情绪很好，开始自己玩。这时，母亲就会急着去打扫房间、洗衣服、做饭。而在保育园里，有专门做饭的厨师，也有专门收拾屋子的职员。在扫除时，会有其他保育员照看孩子。而母亲一个人在家里照看孩子会很辛苦。

为什么母亲一个人会很辛苦呢？这是因为与其他动物相比，人类的哺乳期比较短的缘故。

断奶意味着要为生育下一个孩子做准备。女性在哺乳期间基本没有月经。这是为了避免几个婴儿同时争夺母乳。人类的哺乳期比较短，不到1年就要断奶。而同样是灵长类动物，黑猩猩是在4岁左右断奶，猩猩是在7岁左右断奶。为什么只有人类的哺乳期短呢？对此有种种说法。

一种说法是人类的大脑需要发育，需要早一点补充营养更丰富的食物；一种说法是婴儿死亡率比较高，需要生更多的孩子，等等。我在保育园内看到婴儿时，想到的是在人类的成长过程中，可能更需要有年龄相近的兄弟姐妹。

婴儿很会选择。玩的时候，会选择和自己发育程度相同的孩子。

◆年龄相近孩子的重要性

对于0岁的婴儿来说，有一个年龄比自己大1岁左右的孩子十分重要。在对社会网络进行研究的过程中，人们发现“婴儿是根据功能来区分选择别人的”。比如想玩的时候，会选择发育程度相近的孩子；想模仿的时候，会选择比自己发育程度稍高的孩子；需要别人教自己的时候，会选择发育程度更高一些的孩子。其中，婴儿最重要的学习就是模仿，周围有比他大1岁左右的孩子非常重要。人在1岁前断奶，理由之一就是人可以做出利于消化的断奶食品。

需要模仿时，会选择比自己发育程度稍高的孩子。

大猩猩3岁断奶，比黑猩猩和猩猩的哺乳期要短，因为大猩猩的母亲还必须抚养另外一个相差3岁的孩子。大猩猩哺乳期短的另外一个原因是因为大猩猩的父亲会帮着带孩子。

从大猩猩的例子可以看出，抚养相差3岁的孩子也是很辛苦的。

而一个人抚养仅相差1岁的孩子肯定是很困难的。迄今为止，当有了仅差1岁的孩子时，都是借助各种人的力量，尤其是借助爷爷、奶奶，或者年纪大的人的帮助来抚养的。最近，这种帮助没有了，所以人们都不愿生孩子，出现了出生率降低的状况。

需要别人教自己时，会选择比自己发育程度更高一些的孩子。

有人主张，3岁以下的孩子应该在家庭内抚养。我也认为3岁以下在家庭内抚养的主张是正确的。这是对“家庭”这一概念做了冷静思考后得出的结论。可这里所说的家庭，到底指的是什么呢？

◆什么是在家庭内抚养

首先我们来看一下“家”这个汉字：上面有一个宝字盖，意思是在房顶下，再往前追溯，则指的是在洞穴中。也就是说，人类在洞穴中，围坐在一起吃饭，构成了家庭。这个家庭中有爷爷、奶奶、父亲、母亲、哥哥、姐姐，大家在一起吃饭叫作共食。在这种共食关系中，婴儿可以看到不同的发育过程，理解他人，确立自己。这样看来，“3岁以前应该在家庭内抚养”这句话本来的含义是“3岁以前的孩子应该在共食关系中抚养”。而我们经常听到的“3岁以前应该在家庭内抚养”的主张却是“3岁以前（不是在保育设施，而是）应该在自己家里抚养”。而现在自己家里能够建立的只是母亲和孩子两个人的关系。这已经不同于原来意义上的家庭了。

与小姐姐以及保育员在一起吃饭，是了解他人、确立自己的重要经历。

过去，家庭中有着各种各样的人与人的关系，家庭＝家族，而今，也许可以说家庭＝保育设施，这是因为现在在保育设施中存在着共食关系。我们应该讨论的不是3岁以前在保育园、在幼儿园、在家里的问题，而是能否保障“3岁以前在有共食关系的环境中抚养”的问题。

曾经有人认为，即使在保育园里，母亲的存在仍然非常重要，因此需要努力构筑保育员和婴儿之间的两者关系。在居住地区或者家庭中存在共食关系当然是不错的，但是如果不存在共食关系时，则应该在保育园里建立共食关系，同时对在家里或者居住地区恢复共食关系提供帮助。

●什么是家庭

在洞穴中，大家在一起生活，一起吃饭，这是最原始的家庭模式。

在做枯燥的游戏时，男保育员是孩子最好的玩伴。

mimamoru hoiku

◆父亲的作用

目前，社会网络论研究还刚刚起步，尤其是对婴儿的研究。现在正在研究的仅仅是父亲的作用、兄弟姐妹的作用，等等。在有关父亲的作用的研究中，有一些非常有意义的事例。比如通常认为婴儿的玩伴最好是母亲，而研究却表明母亲不能做婴儿的玩伴，这是为什么呢？例如，1岁孩子玩的是把木桶扣在头上当帽子，爬10次或者

20次楼梯的游戏，对于这种枯燥的游戏，母亲是绝对不会和孩子一起做的。而只能是父亲和孩子，或者是孩子和孩子才能一起玩这种游戏。吃饭时，母亲绝对不会允许孩子一边吃一边玩。的确，不能说一边吃一边玩是对的，然而这在发育上却是一个必要的过程。父亲就会允许孩子一边吃一边玩，有时甚至还会和孩子一起边吃边玩。这种情况同样也出现在保育园，女保育员会要求孩子做正确的事情，而男保育员则不会明确表态，或者允许孩子做不正确的事情。为什么女性和男性不一样呢？这在专业用语中叫作多样性。也就是说，并不是大家都用同样的方法就好。单纯从生殖角度来看，生物只有雌性就可以了，然而因为需要有多样性便要有雄性。

虽然婴儿在玩枯燥的游戏时会选择父亲（男性）一起玩，但这不意味着只是男性就好。在出现什么问题时，能够提供帮助、起到安全基地作用的母亲（女性）也是必不可缺的。

到了幼儿期，父亲的作用开始发生变化。这个年龄段，孩子的玩伴变为发育程度相同的孩子。父亲不再是玩伴，而成为孩子学习积极地挑战环境、主动参与的榜样。“守”的姿态则是孩子从母亲那里学到的。在孩子一天的生活中，如果能够得到这样的平衡是最理想的。然而，不知从何时起，在许多家庭，父亲的角色开始缺位。工作忙是其中的一个理由，还有一个原因就是在培养孩子方面，父亲和母亲起着相同的作用。就像保育园想要代替母亲一样，父亲也想要代替母亲。这是因为大多数母亲也希望这样。原本父亲和母亲应该承担不同的角色，因为孩子只有在多样性的环境中，才能学到各种知识和能力，确立自己。正因为有这种倾向，社会网络论在今后将更加引人瞩目。

在抚育孩子的过程中，父亲和母亲应该适当分工。

婴儿保育所必要的环境

◆婴儿发育的特点

下面，我们来考察一下婴儿发育过程中几个需要注意的特点。

在日本文部省《保育园保育指针》第2章和总则中都涉及有关孩子发育的内容。总则中规定的发育内容是“打下培育活好现在、创造理想未来的能力的基础”。发育绝不可以急于求成、不可以超前。要重视孩子当下的活动和行动，超越发育阶段是毫无意义的。在婴幼儿教育中，早期教育被否定的理由也在于此。如果超越了发育阶段，将来会出现问题。比如婴儿在某个时期，会用眼睛追踪动的东西，将脸转向有声音的方向。

从婴儿的行动中我们可以获得很多的信息。人类从最初的爬行变为直立行走，是因为直立有利于支撑脑的重量。因为能够直立，人的大脑才会长大。为了直立支撑脑的重量，需要人的颈部、腰部、背部等能够弯曲的部分很结实。颈部、腰部、背部需要得到充分发

孩子对躺在身边同伴的动作会做出反应。

刚刚学走路的孩子动作的速度刚好是婴儿用眼睛可以追踪的速度。

育。婴儿用眼睛追踪动的东西，将脸转向发出声音的方向，是为了使颈部更加结实。这个时期，需要在婴儿的周围准备一些可以用眼睛追踪的东西，发出声音的东西，因为这些是婴儿所需要的环境。如果说婴儿用眼睛追踪动的东西和将脸转向有声音的方向是为了锻炼颈部，是否也可以说将脸转向有声音的方向是为了尽早地察觉危险所在？因为在这个时期，婴儿本能做出反应的不是吊在那里摇曳的风铃，也不是发出好听声音的圣诞玩具，而是身边孩子的动作。

躺在自己身边婴儿的手脚动作，以及摇摇晃晃走过身边的、比自己年龄大一点孩子的动作，这些都会让婴儿做出第一反应。对于婴儿来说，母亲的动作太快，用眼睛还无法捕捉。抓着东西站起来，踉跄学步的速度，刚好是婴儿用眼睛能够捕捉的速度。如果在这个时期，让婴儿睡在没有任何动的东西，也没有任何声音的地方，他就不会去转动颈部。以前，人们常常认为，婴儿最好睡在安静、稍暗一些的屋子里。如今，人们已经认识到在这样毫无刺激的环境中，容易诱发猝死。为了防止这一点，定期给予婴儿一定的刺激十分必要。儿科医生也提出过这样的建议，就是在白天午睡时，应该给婴儿准备一个周围明亮、能够听到声音、空气流通的环境。

婴儿的每一个行动在发育上都有它的意义。比如爬行有利于腰部和内脏的发育。

继锻炼颈部之后，就是学会翻身。这是婴儿实现自我移动的最初手段。想要得到东西，想到什么地方去，这些欲求引发了翻身的行动。

接着是爬行期。婴儿会把下半身贴在地板上，抬起上半身来移动。这样，背骨会得到锻炼。也就是说，需要什么东西、想到哪里去这样明确的欲求，引发了婴儿爬的行动。通过爬行，增强了婴儿的腰部以及上半身内部的脏器发育，也锻炼了用手支撑、避免摔倒时脑部受到冲击。在各个时期，都需要有符合该时期婴儿活动和行动的环境，这些十分重要。

◆发育中不可缺失的意欲

前面，我们逐步考察了孩子的发育过程。其中比较重要的一点就是发育是建立在意欲的基础之上。从想要看动的东西、想要拿东西等欲求中产生了行动，这些行动促进了身体的发育。而构成意欲的基础则是兴趣、关心、探求心，等等。

让孩子萌发兴趣、关心、探求心等意欲，为进入小学之后接受知识教育做准备，正是婴幼儿教育的目的。

这样的意欲在婴儿诞生后3个月左右就开始出现了。不能因为婴儿想要，大人就拿给他；因为危险，大人就把爬着的孩子抱起来去够东西。这样看上去似乎对孩子很安全、很好，实际上却会使孩子失去意欲。联合国经济合作开发组织（OECD）对各国学习能力调查[①]的结果表明，日本学生的学习成绩排名比较靠前，然而学习意欲却是世界各国中最低的。意欲下降后，造成了学习内容的减少。

① 2009年开始实施，全世界有65个国家和地区参加。

各国学习能力调查

联合国经济合作开发组织对学生学习能力的调查，（Programme for International Student Asessment，PISA）。参加调查的国家以15岁孩子为对象，对阅读理解能力、数学能力、科学能力三个主要领域以及解决问题的能力进行调查，重视的是思考过程的学习，对概念的理解，以及在各种状况下运用这些知识的能力。

能力是指对某一信息的理解及运用。

充分保障符合每个孩子发育过程的活动和行动，可以与下一个阶段的发育衔接，不能急于求成。

在日本，有的孩子出生半年左右就可以站起来。人们认为是日本的房间小，孩子很容易抓住家具站立起来，因此孩子的爬行期缩短了。为了满足孩子爬行所需要的空间，在成立保育园的批准条件中规定，最低要有3.3平方米面积的匍匐室，比一般的保育室要大一些。最近这个最低标准放宽了。

最近，尽管房间大了，而婴儿站立期还是有提前的倾向。这是因为现在家里孩子少了，父母接触孩子过于密切造成的。婴儿不是抓着家具去学习站立，而是拉住身边的大人学习站立。

本来，婴儿抓住东西站立是从10个多月的时候开始的。以前的家长为了不让孩子过早地站立，甚至让孩子背上米袋爬行。如果爬行期太短，日后会造成孩子一运动就喘，摔倒时不会用手撑着保护脸，出现发育上的问题。在爬行期必须让孩子充分爬行，这正是日本文部省《保育园保育指针》中所说的“培育孩子活好现在，创造理想未来的能力的基础”。

◆发育所必要的环境

下面，我们继续考察孩子是如何通过环境来完成发育的，以及应该为孩子的发育准备一个什么样的环境。

保育员起着加深孩子之间接触和联系的纽带作用。

爬行期，需要给孩子准备一个能够充分爬行的宽敞的空间，准备孩子想要爬过去取的东西。除了准备这样一个实物环境以外，还需要准备一个更重要的“人”的环境。在日本文部省《保育园保育指针》第2章“孩子的发育”的开头这样写道，“尤其重要的是与人的接触，特别是在充满爱情、深思熟虑的大人的保护和照顾下，使大人和孩子之间形成充分接触的关系”。更为重要的是“以这种关系为基点，逐渐产生与其他孩子的互动，增加接触，形成对人的信赖感和自身的主体性”。概括起来，就是以与大人的关系为出发点，逐渐转化为孩子之间的关系，从中培养信赖感和主体性。

人类社会是通过人与人的相互关联构成的。从古到今人类都是在生存的过程中获得能力。今后，还需要所有的社会成员相互协助，共同解决问题，开拓未来。正因为如此，“从婴幼儿时期开始构筑孩子与孩子之间的关系（人与人之间的关系）十分重要，这也是当前一个世界性的课题”。

孩子们具备自己是构成社会一员的意识（公民意识，citizenship）非常重要。正是出于这个理由，日本在修改小学学习指导大纲以及幼儿园教育大纲时，增加了“协同学习”的内容。不是由老师教授，而是让孩子们相互学习，这一点十分重要。

3岁以上孩子的班级。他们在商量如何制作。建立这样的关系需要从婴儿期就做准备。

◆协同学习应该从几岁开始

在针对3岁以上孩子的幼儿园教育大纲中，重视的也是协同学习，尤其是重视听的能力和说的能力。所谓听的能力不是老老实实地听老师的话，而是在和小朋友们一起制作时，能很好地倾听一起制作的小朋友类似“这样会不会更好”的建议的能力。还有，针对小朋友的建议，自己表达“我觉得这样比较好”的说的能力。这些也是建立朋友关系所必要的能力。在新《保育园保育指针》有关婴幼儿发育的内容中，特别强调了“发育的连续性”。由此可知，协同学习不是从3岁以上才开始的，而是在婴儿时期就出现了萌芽。

发育除了具有连续性这一特点外，还有一个特点就是方向性。人类为了延续下去，需要构成社会，那么，人类是否与生俱来就具备构成社会的遗传基因？是否会朝着这个方向发育下去？从这个角度来说，人类从婴儿期就需要开始相互之间的交流。可是，具体应该如何交流呢？

◆在伙伴关系中培养孩子的能力

来我们保育园参观的人曾经看到过这样的一幕：

一个1岁左右的男孩子突然抓住一个女孩子好像要打架，保育员看了看，却无动于衷。在场的人很担心，担心放手不管会不会出问题。这时，一个不到1岁的孩子走到打架的两个孩子中间，抱住了先动手的男孩子。正处于兴奋状态的男孩子回过神来，反身抱住了这个不到1岁的孩子。不到1岁的孩子看到男孩子似乎已经不要紧了，就放下心来，然后又想要抱住被男孩子抓过的女孩子，可是被女孩子拒绝了。这个不到1岁的孩子被拒绝后，认为女孩子已经没事了，于是拉起男孩子的手去别的地方玩了。女孩子也恢复了状态，开始玩起来。为什么那个不到1岁的孩子会介入？我想可能是因为人类本身就具有采取此类行动的遗传基因。一般认为，不到1岁的孩子还不能判断周围的状况，而这个孩子却意识到了周围的状况，感觉到将要发生不好的事情，想要阻止事情的发生，这种能力起了作用。

社会性发育是从婴儿期开始的，从婴儿期开始他们就会意识到身边的孩子。

但是，类似的行动也会因人而异。当我把这件事情说给其他保育员时，他们说，“那两个孩子即使打起来，也不会出什么问题，因此保育员才没有介入。那个不到1岁的孩子插进去，也许是保育员知道他想去阻止而故意让他介入的”。当孩子们发生需要帮助的情况时，保育员不是自己去提供帮助，而是尽量让其他孩子去帮忙。我在德国考察时，曾经与当地的保育人员交换过意见。他们说：“当孩子来寻求帮助时，有时保育员会伸手相助”，而我们的意见是尽量让孩子们自己解决。从0岁开始就这样做。

◆变换角色

曾经有过这样一件事。在0～1岁的保育室，到了上午吃点心的时间。那天提供的是一盒果汁，需要插吸管喝。可是，孩子的力量还不够大，有的孩子不能把吸管插到纸盒中。这种情况下，如果是在德国，肯定是保育员把着手帮助孩子。而在我们的保育园里，“XX他会，请他来帮助你吧”。我们让孩子们互相帮助解决问题。在1岁孩子之间，也有过这样一件事。吃饭的时候，孩子们需要戴上围嘴，有的孩子自己不会戴围嘴，别的孩子就会帮他戴上。看到这种情景时，我感到非常不可思议，这种行为就是关心他人的具体表现吗？我不认为刚刚1岁的孩子就会萌生这样的情感。我找到了当时读过的一本有关孩子发育的书，写的是有关变换角色行为的内容。母亲给婴儿喂断奶食品，过了1岁，婴儿就会想把妈妈曾经喂给他吃的东西以及周围的东西喂给妈妈吃。这是他想换个角色，模仿别人对自己做的事情的一种体验。也是一种站在别人的角度理解别人的行为。在保育园，如果想要变换角色，可以让1岁孩子喂0岁孩子。这对于1岁孩子来说是非常理想的环境。变换角色与为他人着想是不同的。为他人着想是因为别人为自己做事情时自己感到高兴因而也想要为别人做。而变换角色的行为，还会把自己感到不愉快的事情施加给别人。因此要注意，不要因为别人强行喂自己东西，使自己感到不愉快，就也把自己不喜欢吃的东西强行喂给别人。

吃饭的时候，经常可以看到变换角色的行为。发放擦手小毛巾也是一种变换角色的行为。

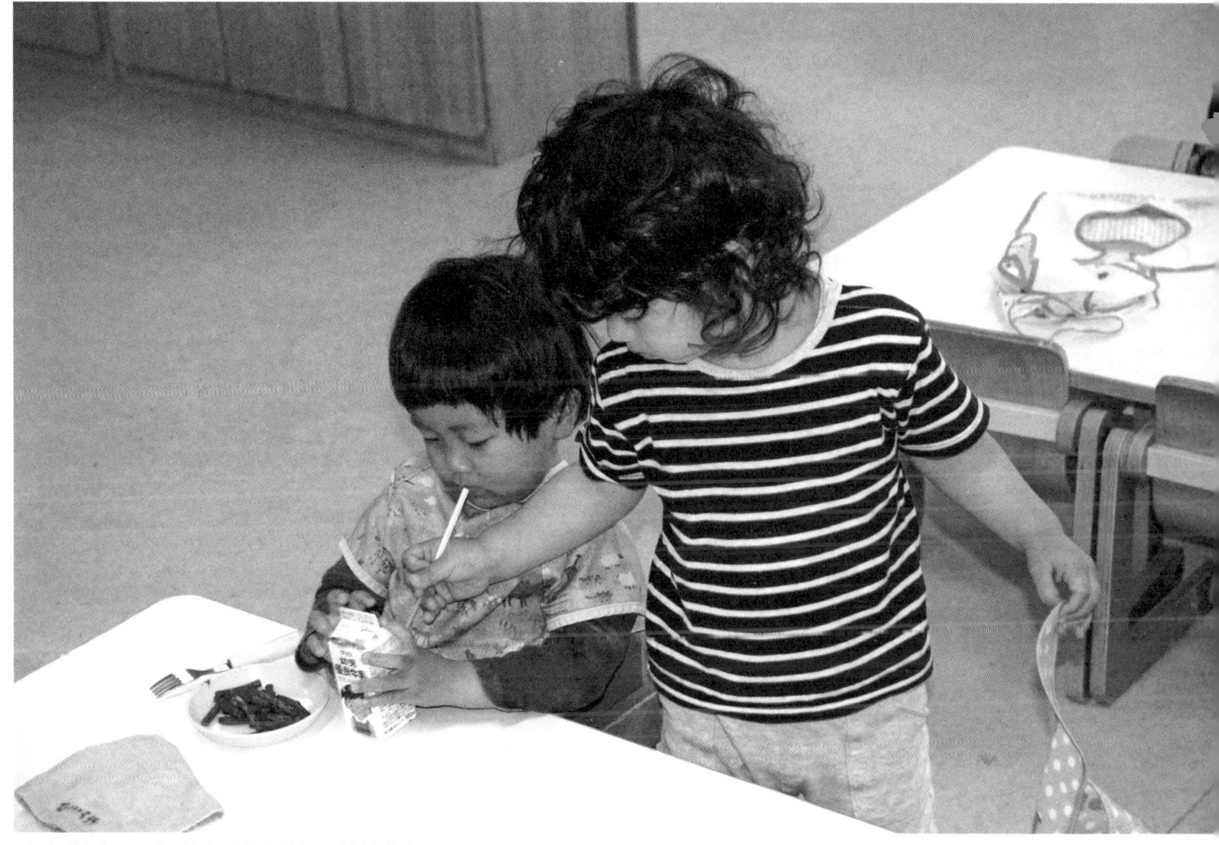
看到别的孩子不会，就主动帮助他把吸管插进去。

◆共同体验的必要性

刚刚1岁的孩子也想模仿别人帮助自己做过的事情去帮助其他孩子。孩子之间的相互学习是很了不起的。虽然有时你不能确定孩子是否看到了，但孩子们会将眼睛看到的情景深深地印在脑海里，即使是无意识的，很多情景也会进入孩子的脑海。因此，观察其他孩子的行为也是一种非常重要的学习。

一起吃饭被称之为共食，一起看同一事物被称之为共视（共

同注视）。婴儿期共视也非常重要。婴儿一个人玩的时候，有的孩子会不时地回过头来，确认是否有人在照看自己。其实，那不是在确认是否有人在保护自己，而是他在玩的时候，感到有趣，或者感到不可思议时，想确认是否有人和自己看着相同的东西。婴儿许多时候的行动都是用手在指，这并不是希望对方看自己，而是希望对方能和他一起看同样的东西的一种暗示。不是要求保育员面对婴儿，而是要求与婴儿一起看同样的东西（=共视）。以前，人们认为背孩子会有这样的效果，婴儿可以在母亲的背上和母亲一起体验母亲所做的一切。

对于婴儿来说，不仅需要共食、共视，共同体验也非常重要，比如共触。共触就是用别的孩子的手去触摸睡着的孩子的脚。从睡着孩子的角度来说，是自己的脚在触摸别的孩子的手。一个人自己触摸和被触摸的行为就是吸吮指头。

婴儿期，孩子通过五感和小朋友以及大人的共同体验对发育会产生好的影响。

回头张望，确认有没有人和自己一样对自己的玩具感兴趣。

玩的过程是相互模仿的环境之一。感兴趣这一共感可以培育孩子的社会性。

mimamoru hoiku

年龄稍大一些的孩子照顾小一点的孩子吃饭。关心他人的心情是从婴儿期的体验中积累的。

◆通过共感培育社会性=婴儿保育的目标

这些共同体验日积月累，会在孩子中间产生共感。对方感动，自己也会感动，看到别人玩得很有趣，自己也想试试，这就是诱发模仿的行为。孩子还会去预测对方想做什么。比如会递给端着盘子的孩子一个勺子，会对不敢上滑梯的孩子给予鼓励，类似基于预测的这些行为从1岁左右就开始了。

而且，“预测能力”在社会上是不可缺少的。最近的脑科学研究成果表明，类似行为是一种叫作镜像神经元的神经细胞在起作用。人们认为，正因为有了镜像神经元，人类才迅速完成了进化。

从婴儿期开始的与其他孩子的共同体验，对孩子的发育有着巨大的影响。有了共感以及相互模仿的基础，才能够在3岁以后实现协同学习。而在只有孩子和母亲两个人的关系中，是无法构筑这样一个基础的。以前，保育园里保育员扮演母亲的角色也没什么问题。而现代家庭里，已经无法形成孩子与孩子的关系。因此，保育园必须要考虑如何建立孩子与孩子之间的关系。需要有专业用语“水平方向的动力”的概念。比如孩子做好手工，拿来给保育员看时，保育员如果只是表扬说：“做得很棒！”这是纵向动力。如果这时候再加上一句：“你还能教给别的小朋友吗？”就会促进孩子之间关系的扩展，是水平方向的动力。保育员需要以这种专业知识和技能帮助孩子建立起伙伴关系，把孩子们联系到一起，把他们培养成社会的一员。这样积累的结果，可以使人类克服现代社会的种种问题，去开拓未来。

发育不是学会做以前不会做的事情，而是在从出生至死亡这样一个长期的过程中，观察各种行为如何变化，这是发育论的最新观点。保育人员的作用就是在每个孩子不同的发育状况下，照顾好他们。

镜像神经元

与其他灵长类动物相比，人类完成了爆发式的、惊人的进化。其结果诞生了镜像神经元神经细胞。通过这部分的进化，可以以更细腻的方法去预测他人的心理、思考内容以及意图等。通过这些进化，人类开始了社会生活。还有一种人们认为是由镜像神经元参与的重要活动，就是迅速观察、学习这样的高度“模仿”。

MiMAMORU

宝宝真了不起

婴儿的能力

◆自由宝宝

每当看到婴儿时，我都会感到婴儿所具备的出色的能力是无法用科学来解释的。可以说，人在诞生后的几年时间里，就为一生所需要的能力做好了准备。

之所以觉得“宝宝真了不起！”可能是因为我了解人在成人以后遗忘的能力。大人之所以会为孩子（不仅仅是婴儿）的语言、行为、想法感到震惊，可能是因为孩子具有大人所没有的自由。这种自由对于大人来说有时候是烦恼、是麻烦，是对成年人社会的一种妨碍，大人会感到没有时间去关切孩子的想法。孩子的许多自由想法往往被置之不理，不被重视，或被禁止，受到责备，以致无法实现。

孩子的眼睛总是在不停地转动。走路的时候，吃饭的时候，玩的时候，两只眼睛都在不停地看着周围。他是在寻找有没有可以淘气的地方，有没有可以破坏的东西，可以反抗大人的东西。走路时，

一边爬，一边四处看。

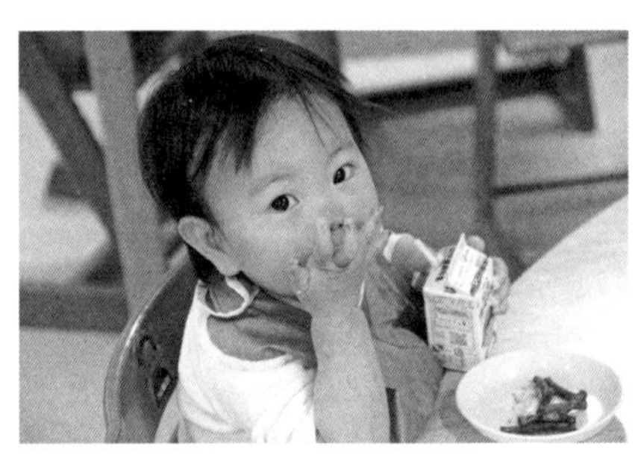

一边吃，一边四处看。

孩子都在按照自己的方式玩，玩心旺盛。

专门与希望早一点到达目的地的大人作对，故意在途中发现什么而停住脚步，拉住大人的手想要做些什么。吃饭的时候，专门与希望快一点吃的大人作对，故意磨蹭，把手伸向别处，就是不马上把东西放入嘴里，做一些多余的动作，好像在故意拖延时间一样。

孩子们的这些行为，在大人特别忙、特别着急的时候，会令人感到格外不耐烦。“你是怎么回事呀？”“快一点！”“你要我等到什么时候呀？”大人甚至要对他们吼起来。可是，不论你大人如何反应，孩子还是我行我素，根本不考虑大人的心情。

孩子真的是要为难大人吗？还是在与大人开玩笑？或者是想让大人担心？其实都不是，肯定不是。那是孩子面向未来的一种学习，他在努力学习生存。而且是以比大人更好的方法在学习。他们与“拼命、努力”的大人不同，充满“玩心”。因此，他们的行为会使大人感到焦虑。有一句话叫“边吃边玩”，孩子的“边走边玩”“边玩边尿”“边玩边脱”，都是在享受生活中的快乐。在大人看来，玩本身似乎没有任何意义，也起不到什么作用，因为“玩”本身并没有明确的目的，没有任何功能。但，“玩”却有它的价值。我认为“正因为‘玩’这一动词没有宾语，玩才具有终极的主体性”。孩子是通过玩来学习的，对于孩子来说，玩就是学习，玩具有符合人类生存不可估量的价值。孩子有着从周围的物和人学习的好奇心和探索心，想与环境互动，他们是通过实际触摸、体验进行学习的。

◆宝宝也是哲学家

孩子具有与科学家一样的推理能力和丰富的想象力，他们不断地尝试，经历错误，以努力把握现实。从某种意义上来说，他们比大人更聪明，更富有想象力，更为别人着想，意识更鲜明，这些都在最新的科学研究成果中得到了证明。心理学家艾莉森·高普尼克（Alison Gopnik）在她的著作《宝宝也是哲学家》[①]中，说明了婴儿是通过“再发现”来扩展人的可能性的。这本书因此成为美国科学类书籍的畅销书。

我们把想象力丰富、反复经历失败与成功的婴儿，比作研究开发部门的智慧星。

在这本书的前言中，对婴儿以及婴儿的大脑有这样一段饶有兴味的说明：“在孩子与大人之间，形成了进化中的一种分工。孩子好比是人种的研究开发部门，他们充满了新奇的想法，是智慧星；而大人则是制造销售部门。孩子的工作就是发现；而大人的工作则是推广应用。孩子提出无数的想法，而实际上基本都不被采用。仅有很少的部分能够实现”。尽管如此，孩子所具备的思考能力和学习能力远远比大人要独特、优秀。可以说，世界上被称为天才的人，许多都是一直能够保持自由想象力的人。

书中还写道，“婴儿的大脑专注于想象和学习，与大人的脑相比，婴儿的脑有着更多的神经回路”。“因此，孩子的脑比大人更具有可塑性，更具有灵活性，更容易接受变化”。这是因为孩子需要尽早地适应新的社会，需要增长生存能力。

在脑神经细胞中，成年之后也一直成长的部分是掌管抑制兴奋的“抑制”部分。众所周知，人的想象力以及创造力是由位于脑前部

①艾莉森·高普尼克：《宝宝也是哲学家》日译本，亚纪书房，2010年。

看看里面有没有好玩的东西。婴儿有着旺盛的好奇心。

的大脑额前叶皮质承担的，而抑制功能也是大脑额前叶皮质的作用之一。正因为有这样的功能，“可以屏蔽大脑其他部分的信息，只集中使用体验、行为、思考的部分。这种机制是成年人进行复杂的思考、计划、行动时不可缺少的”。人们通常认为，孩子精力不集中，做什么事情马上就会厌烦，眼神很快就会移向别处，是因为孩子整理各种信息的抑制功能尚未发挥作用。而抑制功能不适合发挥自由想象力和增长学习能力。如果说婴儿是智慧星，则婴儿崭新的想象力中那些能够打破框框的构思非常重要，在幼儿时期没有控制能力也许是好事。

书的后面还写道，“大脑额前叶皮质是幼儿期之后在大脑中变化最为显著的部分，从这个意义上讲，大脑额前叶皮质的活动最为活跃，即使完成之后，这些幼儿期的体验也会留下深刻而鲜明的印象。成人以后，从幼儿期的想象力以及学习能力中可以获得有计划的行动，理性地调节行动所必要的信息。有证据表明，智能指数与大脑额前叶皮质成熟的早晚和可塑性相关。保持不

艾莉森·高普尼克

加利福尼亚大学巴库校心理学教授和哲学客座教授，是儿童学习和发育研究第一人。最近，她提出“孩子在以与科学研究人员相同的方法学习”。《0岁孩子的“脑力”可以如此发达》的日译本于2003年由PHP研究所出版发行。

受抑制、开放的心情，也许是变聪明的一个条件”。

这可能正是“孩子更好地活好现在”，而不是把大人变小，也不是比大人差，因为孩子有孩子存在的意义。

准备一个合适的环境，让孩子自由发挥想象力和创想力，是婴幼儿教育的一个课题。

直至今天，仍然有许多人认为，婴儿生下来是一张白纸，什么也不懂，什么也不会。就像在白纸上画画一样，让孩子学会各种事情就是保育，教授孩子确立学问性知识和信息就是教育。然而自让·皮亚杰以后，“大人完成了发育，幼儿未完成发育”，以及“在幼儿尚未具备理解能力的阶段，教育没有任何意义”这些普遍性认识，被最新的脑科学研究成果所否定。

婴儿的大脑，已经发育到接近成人脑的大小，其大脑回路比成年人要复杂。即便如此，也不是什么都比大人强，他们的成人之路尚未完成，还是蜿蜒曲折的、狭窄的、不容易通过的。婴儿的智力活动比大人更活跃，其想象力和学习能力也比大人要强得多。与大人相比，婴儿可以收集到更多的信息，更具有自由想象力。但是，他们尚不具备整理概念和分类这种提取能力，还不能按不同领域对信息进行分类整理。孩子对信息及创想力可以一个一个具体地思考，也具备了思考能力和记忆能力，然而却对记忆内容尚不能系统地进行分类。随着语言能力的提高，逐渐会将自由思考变成概念，将各种行为作为自己的行为记忆保存下来，逐渐地对此感觉到责任。也就是说，对婴儿的教育不是像以往想象的那样，“大人在婴儿这张白纸上描绘知识”，而是“按照社会规则把婴儿无序、丰富的想象力整理成为具体的、有形的东西”。下面我们来具体考察一下婴儿大脑的发育情况。

让·皮亚杰

瑞士近代著名儿童心理学家、发育认知论专家。在有关孩子的知识和发育方面创立了划时代的理论。他运用临床面试的方法，在对孩子的世界观、因果关系认识、道德判断等结构进行调查后，建立了自我中心的概念。但是，也有人批评说，他忽视了在发育中情商的作用以及社会和文化等因素。

婴儿的脑

◆脑科学的两大发现

脑科学研究的两个重大发现影响着婴儿保育。

一个重大发现就是在20世纪70年代发现的“神经元(neuron，脑神经细胞)以及突触(synapse，脑神经细胞网络=神经回路链接)的数量不是不断增加,而是在1~3岁前后急剧增加,之后逐渐减少”。人们都说，神经细胞采取的战略是先大范围联手，然后，放开不需要的手。与“先多产出、后删减”的方式相比,“按需求增加”的方式更容易敏感地应对周围状况的变化。

比如婴儿不能精细地活动手指，是因为活动手指所需要的神经细胞网络过于广范围地链接。伴随孩子的成长，不需要的回线消失，

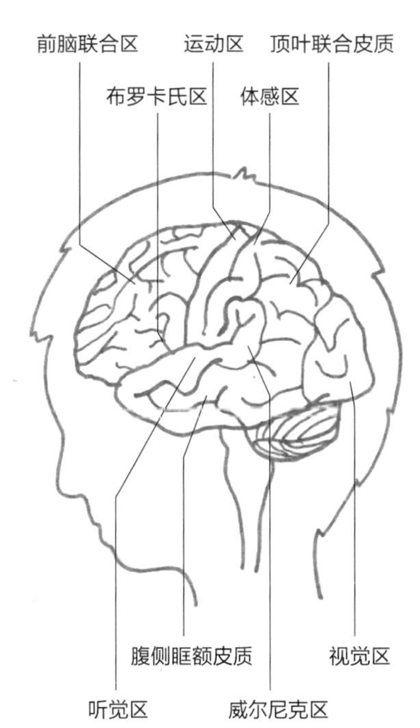

前脑联合区：与思考、判断、情感、性格等相关。

布罗卡氏区：发出说话的指令。

运动区：向全身肌肉发出运动指令。右侧手脚的运动指令从左脑发出，左侧手脚的运动指令从右脑发出。

体感区：发送热、疼痛等皮肤感觉信息。右半身的感觉从左脑发出,左半身的感觉从右脑发出。

顶叶联合皮质：与空间认识和左右判断等有关。

听觉区：接收进入耳朵的信息。

腹侧眶额皮质：理解看到的东西,与记忆相关。

威尔尼克区：理解语言。

视觉区：接收进入眼睛的光感信息。

只留下需要的回线，手指才开始能够进行精细的动作。最近的研究表明，婴儿不仅拉手的方式发生变化，神经细胞本身的性质也会发生巧妙的变化。

另一个重大发现就是20世纪90年代在大脑皮质前头叶发现的“镜像神经元[①]”。毫不夸张，正是由于这个部位的发达，人类与所有生物相比，完成了惊人的进化，这是十分重要的发现，它证明了人类是自己完成社会性发育的。

那么，我们来详细地考察一下这两个发现。

◆突触

人类在出生后的最初几年，脑的重量发生急剧变化。出生时脑的重量只有大约400克，而到了1岁时就增加到800克，到了4~5岁时，就增加到1200克，已经达到成人脑重量的大约80%。脑内神经细胞的数量基本不会因为细胞分裂而增加。同时，在脑的许多部位，被称作细胞耦合通道的突触密度，在1~3岁前后发育到顶点，其后几年逐年减少至原来的2/3左右。像婴儿出生后不久就可以区分每一个人的面孔一样，婴儿也可以识别猴子的面孔。这是由于突触数量多才有可能。但是，对于现代的孩子而言，没有必要去识别每一只猴子的面孔。于是，伴随着成长，则会丧失识别猴子面孔这种不必要的能力，只留下识别人的面孔的能力，集中提高这种能力。从这点来看，婴儿保育就是要留下必要的东西，丢掉不必要的东西。在婴儿保育中，如果“替孩子做

---

①镜像神经元（mirror neuron）是20世纪末由意大利帕尔马大学首先发现的，这个发现证明在猴脑存在一种特殊神经元，能够像照镜子一样通过内部模仿而辨认出所观察对象动作行为的潜在意义，并且做出相应的情感反应。这个发现在1996年一经公布，立即在全世界科学界引起巨大反响。科研人员把这种具有特殊能力的神经元，称作“大脑魔镜”。

人脑中存在的镜像神经元，具有视觉思维和直观本质的特性，它对于理解人类思维能力的起源、人类文化的进化等重大问题有重要意义。镜像神经元发现伊始，世界各国不同学科、不同研究领域的科学家，包括神经生物学家、人类学家、心理学家、语言学家和教育学家，都不约而同地汇聚到这块新出现的“科学富矿”，进行研究、探索和实验，并提出了许多很有价值的理论假定。

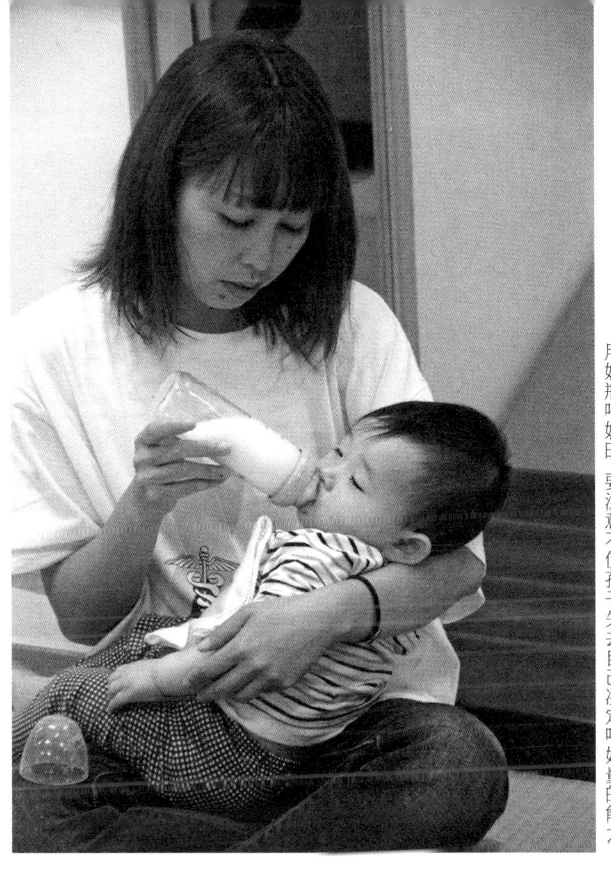

用奶瓶喂奶时，要注意不使孩子失去自己决定喝奶量的能力。

的太多”，甚至会让孩子失去需要保留的东西。迄今为止，人们所思考的所谓“早期教育”，貌似吸收了许多知识，但如果这些知识不是孩子们日常生活所需要的，则会随着突触的减少而消失。

对于人的大脑，每一天都会有许多东西被发现。人们发现，人的大脑在成长过程中，不仅神经细胞会耦合，同时神经细胞本身的性质也会发生变化，比如对神经传达物质反应的变化。开始，会发生被称作“兴奋”的反应，随着孩子的成长，会出现被称作“抑制”的反应。也就是说，会变为正相反的反应。人在兴奋时会喧哗，之后需要抑制自己的行动，大人将其称为理性，虽然小孩子意识不到什么是理性，而大脑已经具备了抑制兴奋的功能。这就是被称为“抑制”的反应。因此，神经细胞不会发生多余的兴奋，避免不必要的信息扩散。

◆镜像神经元

在我们保育园实习的学生曾经这样问我，“这个保育园的孩子不是看着老师的脸色行动吗？”我回答说，“最近的孩子已经不再看大人的脸色行事了。在过去，今天家长的情绪不错，可以从家长那里要些零花钱；家长情绪不好，就老老实实的。如果发现家长累了，孩子就想帮忙，会观察别人的心情，而最近孩子预测和察觉他人行动的行为减少。我认为，孩子应该更多地观察别人的脸色”。

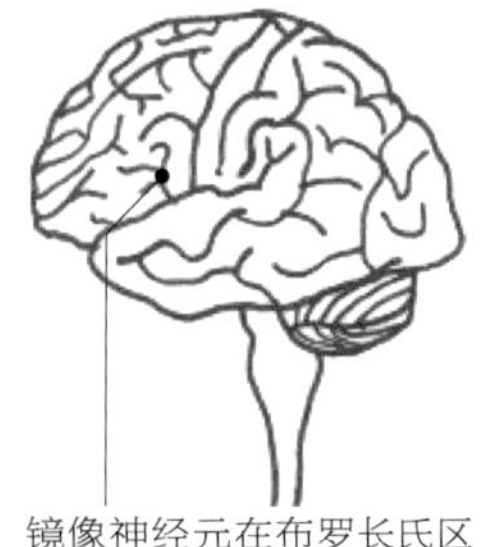

镜像神经元在布罗长氏区附近的左右大脑中。

根据人的面孔读懂他人的感情，这是一种象征人类智慧的能力。人们对什么是读懂他人心理，如何读懂他人做了研究。研究表明，读懂他人心理，不是根据他人脸上的眼睛、鼻子、嘴这些器官，而是根据面部表情来推测这个人的感情以及心理活动，继而根据这些信息进行交流。人具有通过观察他人面部表情来推测他人心理的能力。

镜像神经元到底是什么？简而言之，镜像就是镜子，猴子发起某种行动时，大脑中与运动相关部分开始活动。其契机不仅是通过自己的意愿去运动，而是在看到他人行动时，大脑的那个部位也开始活动。如同自己伸出手去抓东西时一样，看到别人抓东西时，自己大脑的这个部位也会活动。人们常说，夫妻常年生活在一起，往往面孔会很相像，这是因为夫妻都在镜像神经元水准上相互模仿（脑内模仿）的结果。

镜像神经元之所以引起瞩目，是因为镜像神经元具有“读懂他人

心理”这一重要功能。人的本质体现在与他人交流这一社会性的智慧上。人们认为，镜像神经元支持着人类与他人交流这一杰出能力。

这一发现回答了一时议论纷纷的“个体与集体是否可以两立”的问题。从脑科学的角度来看，发挥个性和与他人协调是水火不相容的这种观点是错误的。正如镜像神经元这一发现所象征的那样，个性正是在与他人的关系中磨炼出来的，人是通过反映在他人心里的这面镜子中的自己来了解自己的。

那么，镜像神经元是如何诞生、如何形成的呢？目前有一种假说，认为“镜像神经元是婴儿在通过模仿家长这种相互作用下形成的”。婴儿笑了，家长回应婴儿的笑，自己也笑，通过反复重复这些动作，婴儿脑中诞生了反映家长笑容的镜像神经元。更准确地说，婴儿不仅是在与家长的相互作用下，还会在与身边最亲近的人的相互作用下，以及与各种人的接触中，通过镜像神经元的相互模仿作用，产生以“共感”为基础的、集体的传统及道德，形成了文化。

母亲在笑，看着母亲笑容的孩子，两个人大脑的相同部分在活动，由此形成镜像神经元。

与身边的人一起笑，镜像神经元开始活动。

◆读懂他人的心理

人是如何与自己的内心沟通、读懂他人的心理、进行社会性交流的呢？这些是心理学的一个难题。在研究中有一个被称作“心理理论”的课题。心理学中“推测对方的心理”，“认为他人具有与自己不同意识”的能力，就是站在对方的角度进行思考的能力。现在，不仅在科学领域，同时还在“心理哲学”领域对这种心理活动在进行研究。这是一门学问，就是将他人看不见的心理活动，与作为可视的物理行为关联起来进行研究。其中，“心理理论”也把“镜像神经元”作为重要的切入点进行研究。

日本心理学家子安增生和大平英树在《镜像神经元与心理理论》[①]一书的前言中这样写道：人是如何与自己的内心沟通、读懂他人的心理、进行社会性交流的呢？这个在心理学中可以说是最最基本、最最重要的课题，同时也是最棘手的一个课题，在研究上尚无切实可行的方法。但是，在近20年的有关“模仿”“共感”“心理理论”“读心术”“自己和他人的关联词”“镜像神经元”等的研究中，从正面提出了“自己和他人”的问题，由此使研究前进了一大步。这个作为哲学基本问题的“自己和他人”能够成为科学研究的对象，主要应该归功于近年来认知心理学以及脑科学的发展。人类的语言和行动在任何时代都是思考“自己和他人”的重要线索，而近年由于脑科学的发展，促进了对大脑活动实时监测技术的进步，通过“脑的解剖学构造”“脑神经活动的功能”“语言和行动心理学观察结果”这三者的同时映射，人们可以从各个水准上获得重要的知识。目前，在讨论“自己和他人”时举出的两个重要的、具有代表性的视角，就是“镜像神经元”和“心理理论”。

心理理论

在心理学中叫作“推测对方心理活动”“认识他人与自己不同”的能力。英语为“Theory of mind”，是否具备这个能力，可以以误信问题进行确认。

①子安增生、大平英树：《镜像神经元与心理理论》，日本新曜社，2011年。

◆自己和他人

将“自己和他人”的关系作为“心理理论”的对象进行研究，其中，有关人是如何面对自己的内心世界、如何读懂他人心理、如何进行社会性交流，以及这些行为是从几岁开始的问题，曾经是心理学中的一个难题。一般认为，这些大约是从4岁开始的。尤其是有关心理世界的理解，据说是在3岁到4岁期间开始发生变化的。这表明是误信课题（辨别是否能够理解他人的错误信念的实验）。因此，有观点认为集体保育应该从4岁开始，而大多数保育园可能都是从3岁开始。从“自己和他人”的关系，去考虑“模仿”以及“共感”这一心理活动和行动时，我认为从0岁开始，他人就起着重要的作用。这个时期，孩子周围的他人无处不在，包括家庭中的兄弟姐妹。然而，在现在的少子化社会中，这些环境已经发生了变化。居住地区孩子数量减少，多数家庭只有母亲和孩子，而在家里，母亲还要去厨房做饭，打扫房间，做各种家务。这样，大多数时间就只剩下孩子与电视机或游戏为伴。在我们保育园中就有一个婴儿，不看动画片就不吃奶。因为他在进入保育园之前，家里就是一边看电视一边喂奶的。尽管很多人都认为孩子小时候应该由母亲来带，但如果是母亲一个人带孩子，很可能就会以上述方法来带。

婴儿会根据功能来选择和利用他人。比如想玩的时候，他会选择发育阶段和自己基本相同的孩子；需要模仿的时候，他会选择比自己年龄稍大一点的孩子；想让别人教自己的时候，他会选择比自己年龄更大一些的孩子。他们也会根据合得来、合不来这样的性格差别来选择对方，但更多的情况下是根据年龄差别来选择。有不同年龄孩子的孩子集体，原本存在于兄弟姐妹之中，或者存在于居住地区的孩子社会之中，而今这些均不复存在。因此，我们应该有意识地创造不同年龄孩子一起玩的机会。基于这样的现状，最近还在

误信课题的例子

①女孩将蛋糕放到厨房的架子上后，去外面玩。

②女孩不在的时候，妈妈将蛋糕放入冰箱。

③女孩回来了。她会认为蛋糕在哪里呢？

正确答案是在“架子”上，而尚不能读懂别人心理的婴儿会回答在“冰箱”里。

为了了解自己，不仅仅需要与同年龄的孩子接触，同时在了解自己的过程中，与不同年龄孩子的接触，也有着重要的意义。

开展有关兄弟姐妹的作用的研究。

婴儿与生俱来就有做各种事情的能力，而发现这些能力，需要有环境影响的作用。尤其是在“心理理论”中，对兄弟姐妹这种环境影响，也就是在孩子的成长过程中，不同年龄孩子所起的作用进行了研究。比较有影响的研究是罗伯特·富尔格姆的著作《人生所必要的智慧都是从幼儿园的沙子堆学会的》[1]。作者以自己的亲身经历，在书中这样写道，“所有东西都要与大家分享。不要要小心眼儿。不许打人。东西用完后要放回原处。搞乱了要自己收拾。不要拿别人的东西。伤害了别人一定要道歉”，等等。这些人生所需要的智慧不是在高等教育中学会的，而是埋在幼儿园的沙子堆中。这并不是说沙子如何重要，而是说不同年龄孩子组成的集体的意义有多大。人都是通过别人来理解自己的，如果能够听到不同的人评价自己，就越能看清自己。如果只听到母亲的评价，将来走上社会，听到别人不同的评价时，心里就会受打击，会封闭自己。因此，在不同年龄孩子的集体中的成长经历非常重要。

罗伯特·富尔格姆

他从事过牛仔、民间歌手、推销员、调酒师、画家、牧师等多种职业。喜欢无意识地深思自身周围的事物。他偶然出版的《人生所必要的智慧都是从幼儿园的沙子堆学会的》在美国成为销量400万册的畅销书。

①罗伯特·富尔格姆(Robert Fulghum):《人生所必要的智慧都是从幼儿园的沙子堆学会的》(*All I Really Need to Know I Learned in Kindergarten*，中文译名:《受用一生的信条》)，日译本，河出书房新社，1996年。

mimamoru hoiku

从脑的发育到感觉器官的发育

◆发育中的运动

人与人的交流，不仅仅依靠语言。无论是否通过语言进行交流，人都是利用五官感知外部刺激，将信息传送给大脑，理解该刺激，从而进行判断。通过整理和保存这些信息，就相互的意思达成一致，则可以建立起下一次对话。这种利用五官感觉感受、理解、判断外部刺激的能力叫作“认知能力”。

视觉、听觉、触觉、嗅觉、味觉构成的五感是切入口，通过这些刺激，将外部事物和现象变为有意义的东西，五感则成为“知觉”。为了完成发育，首先需要“自己与环境互动”。

曾经有人说过，“大脑地图是在与身体的关联中构成的”。通过自己的身体以及环境，同时还通过熟悉和开发身体的使用方法，大脑会“有组织地”完成自我。这种使用身体的方式叫作“运动”。家长曾经对我们说“让孩子们多运动”。这里所说的运动指的是跑，或者踢足球、打棒球等，指的是为了锻炼身体、保持健康的运动。但是，在另一种意义上，“运动”一词有时指的是“活动身体”。比如婴儿会将脸转向有声音的方向，用眼睛追逐活动的东西，这些行为都是通过运动认知和感知视觉、听觉的一种行为。没有高度的身体功能，就没有高度的大脑功能。

我们使用的仅仅是大脑中很少的一部分，而大脑的其余部分则是为了使人们在将来碰到意想不到的环境时，能够顺利地应对而保

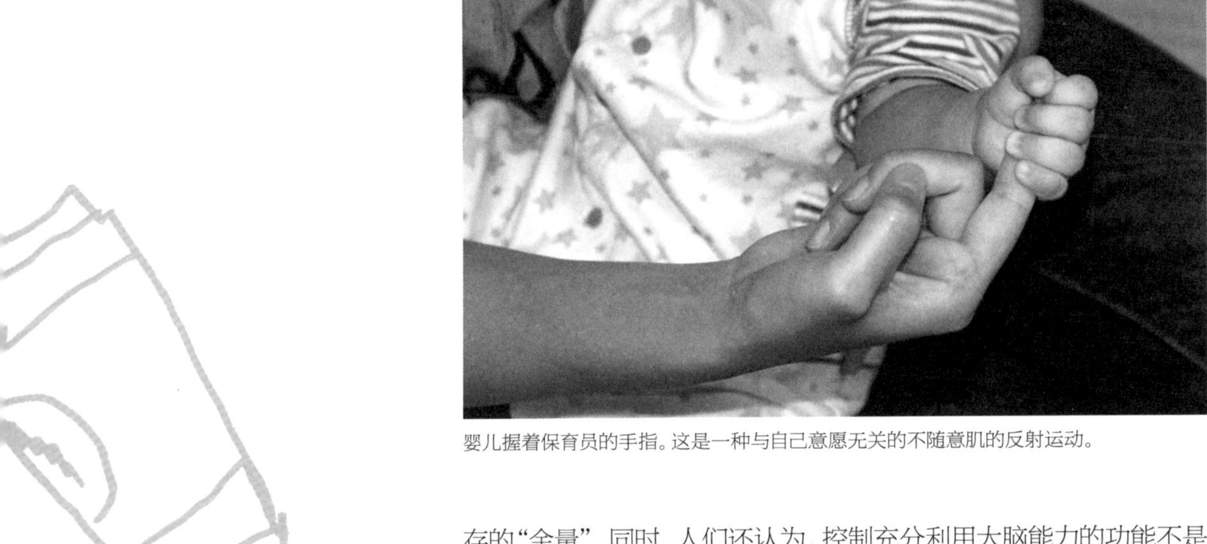

婴儿握着保育员的手指。这是一种与自己意愿无关的不随意肌的反射运动。

存的“余量”。同时，人们还认为，控制充分利用大脑能力的功能不是大脑，而是身体。人们会感知通过知觉获得的信息，通过与身体运动的相互关系，提高认知能力。

婴儿的运动大致分为两种，这两种运动将影响婴儿的发育，保证这两种运动的顺利过渡是婴幼儿保育中的重要课题。婴儿特有的运动中，有一种叫“原始反射”的运动。这种反射在新生儿和哺乳期婴儿中很常见，是一种对外部刺激无意识地参与的“不随意运动”。当你触摸婴儿的手时，他会握住你的手。这是婴儿无意识的可爱的行为，实际上他不是想回握你的手，而是被称作“把握反射”的一种无意识的运动。还有，当我们抱起婴儿时，他会像要走路一样把脚伸向前方。这被称作“原始步行”的能力，也是一种无意识的运动。在胎儿时期，随着脑干和脊髓的发育，开始出现原始反射，随着大脑功能的发育，在出生后不久就会消失。按照本人意愿活动手脚的随意运动代替了这种原始反射。从原始反射过渡到随意运动，婴儿的经验起着中介作用。比如无意识地握住的玩具，通过反复握住和松开，婴儿就可以逐渐按照自己的意愿来抓玩具。孩子拿着蜡笔随意反复画圆圈和线条，如此反复之后，就可以逐渐按照自己的意愿画出线来。这期间，经历和经验都十分重要，同时，“自发性运动”也十分重要。

从原始反射向随意肌运动过渡。通过反复描画线和画圈，到能够按照自己的意愿画画。

◆与生俱来的三种学习能力

日本婴儿学学会会长、同志社大学婴儿学研究中心理事长小西行郎教授曾经说过，“婴儿生下来就具备‘数学’‘语言’‘音乐’这三种学习能力。研究结果表明，出生后5个月左右，可以学会3以下的加法、减法。可以区分音调的不同。心跳本身就是节奏，婴儿当然也懂得节奏”。因此，我们也许应该否认婴儿处于一种什么都不懂的皆无状态的传统说法。下面，我们就来详细考察一下这种与生俱来的、优秀的学习能力。

◆对数的认知

有关哺乳期婴儿的发育和心理研究的成果及理论有许多，而当我们看到眼前的孩子时，还是经常会不由得疑惑：真的是这样吗？环境的变化、国家以及地区的差别、脑科学以及其他科学研究的结果证明，研究室或者书本上的理论会脱离现实，而我们眼里看到的孩子们的行为却是真实的状况。

法国认知心理学家斯坦尼斯拉斯·德阿纳①推翻了让·皮亚杰②已成为人类发育心理学定论的、“数的认知都是通过学习获得的”理论。他因《数感》而获得琼·罗斯坦德③奖 。

斯坦尼斯拉斯·德阿纳通过对出生几天后一直到10~12个月月龄以及对各个月龄的婴儿的实验，认为婴儿出生1年之内是大脑最可塑的时期，婴儿每天都在吸收大量的新鲜知识，同时也是数字认知的发育时期。

《数感》一书中，对婴儿生来就具备的、卓越的数感列举了饶有趣的事例，证明婴儿并非完全没有数感，而是在出生后不久就具备了相当于动物对数字理解的数的知识。只不过婴儿对数的认知能力与大人

---

①斯坦尼斯拉斯·德阿纳（Stanislas Dehaene，1965~）：数学家、法国国家健康与科学研究院知名科学家、蜚声国际的认知神经科学家，现任法国科学院院士、梵蒂冈教皇科学院院士。其主要研究领域为脑与认知的关系，最重要的研究成果是发现并证实了顶内沟（intraparietalsulcus）的数字认知功能。此外，他还提出了数字三重编码模型、教育是神经元的再利用等著名观点，这些均在学术界产生了重要影响。他撰写的《脑的阅读》一书获得法国最佳科普书籍奖，《数感》一书获得琼·罗斯坦德奖，并被哈佛大学等著名大学用作教材。

②让·皮亚杰（Jean Piaget，1896~1980年）：法籍瑞士人，近代最著名的儿童心理学家。他的认知发展理论成为这个学科的典范。皮亚杰早年接受生物学的训练，但在大学读书时他就已经开始对心理学感兴趣，曾涉猎心理学早期发展的各个学派，如病理心理学、精神分析学、荣格的格式塔学和弗洛伊德的学说。皮亚杰对心理学最重要的贡献，是把弗洛伊德那种随意、缺乏系统性的临床观察，更加科学化和系统化，使得日后临床心理学有了长足的发展。

③琼·罗斯坦德（Jean Rostand）奖：为表彰在科学和技术领域做出贡献的作者所设立的奖项。

相比有所不同。让·皮亚杰认为，根据构成主义的理论，“0岁婴儿均处在感觉运动的阶段，他们依靠五感来探索自己周围的环境，通过运动行为学会控制自己。通过这些过程，孩子会发现明确的规则”。他还认为，婴儿对于数的认知，“与周围世界的其他抽象表象一样，是在与感觉运动与环境的相互作用中构成的”。

1980年实施的实验结果证明，即使是出生后仅仅几天的新生儿也可以识别2或者3的数。婴儿不仅能够识别看得见的数，也能识别敲鼓的次数，将声音与眼前物体的数目进行一一对应。在20世纪90年代，对0岁婴儿的计算能力进行了研究。1992年，英国的学术杂志《自然》上发表了一篇著名论文《婴儿期的加减法》。这篇论文根据婴儿对屏幕后面物体数量增减变化的反应，证明了婴儿能够理解加减法。

然而，婴儿即使会1、2和3的计算，可是仍然不能正确进行超过4的计算。在使用2个或3个物体的实验中，无论使用什么，婴儿都能明确地区分这些数。可是对于3和4却只能偶尔计算成功。研究结果表明，1岁以下的婴儿似乎还不能明确区分4个和5个，或者4个和6个。但是，对超过4的数，即使不十分准确，也可能会有连续的印象。

◆婴儿能够理解的数

婴儿使用五感在各种场合认识数。婴儿可以对声音数字和眼前物体的数进行一一对应，即婴儿看到三个物体和听到三个声音，在脑中的反应是相同的。

婴儿对数字的才能是一种天赋，但这并不意味着应该让小孩子去参加数学课。尽管作为商业行为都在宣传，说给婴儿看比较难的计算公式以及文字等可以提高婴儿的智力，然而这些

◆婴儿也会加减法

①在婴儿面前放一个娃娃。

②在婴儿和娃娃中间放一个屏幕，在后面又放了一个娃娃。

③拿开屏幕，如有两个娃娃，婴儿不盯着看。

④拿开屏幕，如果只有一个娃娃，婴儿会盯着娃娃看。

应该是1＋1=2，为什么是1＋1=1？婴儿会感到奇怪，因此会盯着看很长时间。反之，如果是2−1=1或2−1=2时，婴儿也会长时间盯着2−1=2看。

德国森林幼儿园的算术课。

计量器和显微镜等，德国0~3岁孩子的算数教具。

数感

与触觉和味觉等五感一样，人生来就具备数感。美国数学家丹齐克(Tobias Dantzig)说，“虽然尚未找到合适的词汇，而我认为，人即使在尚未发育的阶段就具备被称作‘数感’的能力，由于具备这个能力，即使人没有直接看到，当从某一个小的集合体中拿走或者放入什么东西时，则会立即感觉到其中的变化”。

都是毫无根据的。如前所述，婴儿即使可能会1、2和3的计算，却不能正确识别超过4以上的数，因为这个时期婴儿的能力仅仅限于最初级的算数。

在《数感》一书中，记述了最近的研究成果：“婴儿生来就具备将物体进行个体区分，从小的集合体中抽出个体数目的能力，动物也具备这种‘数感’，这种能力与语言相独立，有着很长的进化历史”，“孩子对数的推定、比较、计算以及单纯的加减法，都是在没有明示下自然出现的”。2011年，我在德国考察保育设施时，在森林幼儿园看到了指导数字教学的场面。我当时就感到，他们是在正确理解了婴儿大脑发育阶段的基础上对婴儿进行数的指导。

◆数数

有人说，孩子可以对算数进行再发明，这是为什么呢？因为孩子在学习数数之前，会在玩的过程中，使用语言或手指，自己发现数数的方法。如果是这样，数数则是人类大脑中与生俱有的能力。美国加利福尼亚大学洛杉矶分校心理学教授罗谢尔·纽曼和美国罗格斯新泽西州立大学教授兰迪·嘉里斯特是这方面研究的权威。他们主张，“孩子被赋予了不经过学习就会数数的天赋，比如每种东西只数一遍，数字语言必须按照一定的顺序说，即使不教给他们，他们也知道最后的数字是一个集合体中所有数字的总和等”。“数数的知识是与生俱有的，在学习数字语言之前就有了数数的知识，这些指导着他们的学习”。

在洗澡间教孩子唱数，开始算数学习。

日本的唱数训练“洗澡间的算数”就是模仿学习最好的例子，是一种机械性的行为。只是“1，2，3，4，5……”这样不停顿地读。最初，孩子只是跟着大人“鹦鹉学舌”，按照单词读法唱诵，通过跟着大人数数，开始学会数数。有的孩子出生后就会数数，而有些孩子则需要教授才会数数。对数的认知能力应该是介于天生和学习两者之间。

各种实验的结果表明，在4岁左右，孩子已经掌握了学习数数的基础。在日本，单纯地认为“数”的早期教育是错误的，却忽视了幼儿如何学习数，如何在各个发育阶段为孩子准备什么样的模仿对象，准备什么样的环境。

不考虑计算本身是否恰当就得出结果、自动暗算、掌握计算的技巧，这些只能形成大脑的自动反应，却不能将这些与理解数联系起来。我们需要重新审视类似闪存卡一样的条件反射是否妥当。

◆获得语言能力

我们来考察一下婴儿生来俱有的第二个能力——“语言”。

人类脱离其他灵长类动物完成了特殊的进化，是因为有了获得语言的契机。

人类获得语言后，大大提高了交流能力。我认为，人类之所以迅速完成了进化，可能正是由于有了在集体生活中的交流。因为获得了语言，带来了身体的进化，而身体的进化又使人类具备了交流能力。东京大学冈谷一夫教授在他的著作《为什么会诞生语言》[①]一书中，使用大量漫画插图，以轻松的风格对这样晦涩的内容做了讲解。

在这本书中，列举了动物的叫声和人类语言的4点区别。第一个区别是“可以学习发声”。人类可以马上模仿其他人的声音学习发声。第二个区别是“声音（单词）与意思相对应”。失去了听力、视力、语言的海伦·亚当斯·凯勒[②]的传记电影“创造奇迹的人”中，当海伦·亚当斯·凯勒第一次悟出从井里流出的“水”与这一词汇的对应时，电影达到了高潮。而动物的叫声中却没有特定的意思。第三个区别是“有文法”。可以按照文法，排列单词，组成文章。第四个区别是“可以在社会关系中区别使用”。通过这些区别，我们知道了人与人的交流是在社会中形成、在社会中成熟的。

那么，为什么只有人类才具备这四个条件呢？

语言条件之一：发声学习。
可以马上重复别人说的话。

①冈谷一夫：《为什么会诞生语言》，文艺春秋，2010年。
②海伦·亚当斯·凯勒（Helen Adams Keller，1880~1968年）：美国著名残障教育家，哈佛大学毕业。她在19个月时因为高烧导致失明及失聪。后来在导师安·沙利文（Anne Sullivan）的帮助下，她学会说话，并开始和其他人交流。主要作品有《假如给我三天光明》。

◆哭也是语言

婴儿用声音向别人传递某种信息时，只有哭这一种方式。而对用语言进行表达的大人而言，经常搞不清楚婴儿的这种表达方式，不知道孩子在要求什么。只有母亲逐渐会从婴儿的哭声中知道孩子想要表达的意思。

婴儿发出不同的哭声以操纵家长。

婴儿会用你甚至想捂住耳朵、所有人都回头看的高分贝大声哭。婴儿大声哭是为了让母亲知道自己所在位置吗？不是。因为婴儿的哭声，除了母亲能够听到以外，也能让可能袭击他的敌人听到，这在太古时期可能非常危险。为什么人类的婴儿会大声哭呢？也许是从那时起，婴儿已经生活在可以安心哭的空间和环境中了。

因为人类开始采取共食这种形态的集体生活后，遭外界袭击的危险减少。在这样的环境中，婴儿以各种声音大哭。《语言是如何诞生的？》一书中写道，婴儿哭不仅仅是因为自己遇到了困难，“婴儿是为了用哭声来操纵家长”。冈谷一夫教授提出了一种假说，认为婴儿大声哭是因为他知道这样可以表达自己的愿望，可以随时得到家长的照顾，对他的生存有利，想要控制家长。为了证明这一点，他列举了以下现象进行了说明：如果你不去理睬正在哭的婴儿，婴儿的哭声就会发生变化。即使是出生后2个月的婴儿，他的哭声也会回到出生后第一天那种单调的状态。因为无论他怎么哭，家长都不理他，他再哭也没有意义，只能是自己累，所以他的哭声就会变得单调，回到刚刚出生时的状态。人们认为，这些倒退会影响孩子后来的发育。

◆说话的条件

婴儿出生后大声哭，是婴儿从羊水中降临到空气中，让肺开始呼吸的一种深呼吸。之后，为了强化肺的功能，会反复地哭。婴儿用哭声进行交流，控制家长，以完成自己的成长。从这个意义上来说，人类生来就是一种能动性的生物。如同其他动物生下来就能自立、可以站起来、自己活下去那样，人类则是用不同形式在做同样的事情。

婴儿为了向家长传递诉求，会变换哭声。为了发出各种哭声，必须自由地控制呼吸。人类能够讲话的条件之一就是可以“学习发声”。学习发声就是模仿耳朵听到的声音，转化为发声的一种行为。能够学会发声的不仅仅是人类。比如鹦鹉或者九官鸟等也可以模仿人的语言发声，还有海豚、海狮等鲸类动物也会类似的

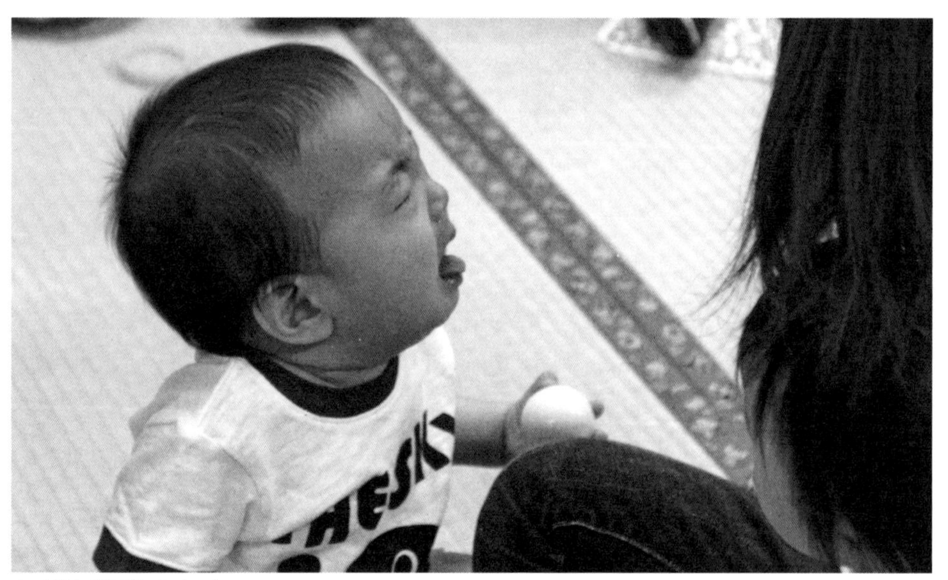
哭是学会说话的重要一步。

模仿。在灵长类动物中只有人类会学习发声。这是为什么呢?

冈谷一夫教授认为，可以学习发声的动物中，具有可以“屏住呼吸”这一共同点。人类为什么需要屏住呼吸，又为什么能够屏住呼吸呢?那是因为婴儿为了利于自己的生存，需要改变哭声。为了改变哭声则必须控制呼吸，也必须学会屏住呼吸。这样就逐渐具备了学习发声这一功能，继而为日后获得“语言”能力打下基础。

学会说话单凭发声是不够的。因为语言不仅仅是声音，还需要人类交流的一些其他的特殊要素。

◆语言与定义一致

假设在算术测验中有这样一道题。“在一幅画中，电线上停着许多小鸟，请问，其中有几只‘斑鸫’?”如果回答不出来是因为不会数数吗?如果会数数，却不知道斑鸫是什么鸟，不知道斑鸫这个词的意思，也就无法数出来有多少只。这就需要提问的人和回答的人都知道斑鸫这个词指的是什么，双方对这一词汇的定义达成一致。

用语言进行交流，有说的人，有听的人，双方之间需要对语言的定义达成一致。因为只有对语言的定义达成一致才能够数出多少只斑鸫。人类使用语言促进了大脑的发达。

斑鸠

语言的条件之二:声音与意思一致。说和听的人需要对语言的定义达成一致。

人类是“会说话的动物”，并不是说人类只是单纯地向别人表达自己的意愿。人类的语言在构建共同生活中起到了重要作用。了解了人类进化的过程，就会明白一个道理，即因为怕孩子哭，觉得孩子可怜，就在孩子还没有哭出来之前就去满足他的欲求；以及为了防止婴儿哭，就为婴儿准备好非常舒适而不需要哭的环境；这些都会使婴儿在成长过程中出现扭曲。

◆听觉发育从什么时候开始

婴儿会对节奏和旋律做出反应。

听觉器官是在胎儿4个月左右时形成的。从这时起，胎儿就可以听到外界的声音。在所有外界的声音中，当然听到最多的就是传到肚子中的妈妈的声音。因此，刚刚出生的婴儿也基本能够区分出妈妈的声音。这时胎儿或婴儿听到的不是语言，而是声音。因为语言是在与生活体验结合的过程中获得的，婴儿还不能理解语言的意思。为了理解语言，则需要将语言按照声音分解成一个一个的音节，胎儿可能是将声音按照音调的高低、强弱等作为一种旋律来捕捉语言的。从获得语言的意义上来说，这就是获得语言的最初阶段。

于是，音乐成为一种需要。

简单的手势游戏也是婴儿喜好的音乐之一。

◆节奏

下面，我们来看一下婴儿与生俱有的第三种学习能力——音乐。

婴儿从3个月左右开始，就会确认自己听到的声音，发出像说话一样的声音。有时候也会和着身边人的声音自己发出声音回应。还会将面孔朝向发出声音的方向，出现探索声源的行为。5个月的时候，就能识别经常听到的声音。到了6个月，如果你对他说话，他就会有意识地转向你。7个月的时候，你和他说话时，他盯着你的嘴形的时间就会增多。8个月的时候，就会对环境中的各种声音做出敏感的反应。到了9、10个月的时候，则开始模仿大人的语言。这就是听力的发育，如果这些声音是音乐，他也会做出反应。

婴儿对音乐做出的反应，并不是对耳朵听到的声音做出反应，而是对音乐的节奏或者音调做出反应。人们曾经认为，婴儿是从接近1岁时开始，对音乐和歌声做出摇手等反应的。而最近人们发现，出生后不久的婴儿在听到歌声或者音乐时，就会表现出高兴的神色。那是婴儿对音乐的节奏或者音调做出的反应。当大人像唱歌一样地对他说话时，婴儿会出现不同的表情。我的孩子在1岁以前，坐着的时候会和着音乐高兴地扭动腰身。日本雅马哈音乐振兴会音乐研究所二藤宏美曾在《有关哺乳期婴儿理解旋律的研究》的论文中写道，“婴儿在出生后1年里，会逐渐接受音乐文化，成为音乐文化中的一员”。

◆婴儿与旋律

婴儿出生后具备的只有兴奋这一种情绪感觉，在哺乳期会分化成为“舒服”和“不舒服”的感觉。可是婴儿在什么时候会感觉到“舒服”，又在什么时候会感觉到“不舒服”呢？比如肚子饿了、热了、困了、尿布湿了等，婴儿哭的时候多数是感觉到了不舒服。那么，婴儿在什么时候会感觉到“舒服”呢？让他感觉这种“舒服”，需要刺激五感，这是影响他今后生活的一种体验。婴儿感觉到“舒服”时大概有他喜欢的、好吃的东西的味道、手感、视觉、香味，还有使他心情舒畅的声音，等等。那么，婴儿又是如何对音乐，而不是对声音做出反应的呢？

声音组合中，有协调音与不协调音，已经确认，4个月的婴儿可以感觉到协调音与不协调音的区别。协调音令人感觉舒服，不协调音会令人感觉不舒服，婴儿初期在听到声音时，就会敏感地感觉到舒服或者不舒服。这种好恶感即使成年以后也没有太大变化。5个月以上的婴儿，会对有明显变化的歌曲表现出特别的偏好。

协调音与不协调音

形成音程的两个音同时响起时，根据其声音是否协调，是否好听，有几种分类。根据声音是否协调可以分为协调音和不协调音。协调音为纯正音，可以构成协奏。而不协调音为不纯正音，会打乱协奏。

婴儿会把面孔转向发出声音的方向，而这些声音非常复杂，混杂着各种声音。人会在各种声音中倾听特定对象的讲话，享受音乐，感觉到人或者汽车的接近等，对声音进行选择，只获取必要的信息。即使不做特别的努力，也可以区分出各种声音。以我们看来，这是非常自然的，但这也绝不是一件简单的事情，而是一个相当复杂的信息处理过程。

辨别进入耳中的所有声音是一个复杂的信息处理过程。

事实上，这样复杂的信息处理似乎在婴儿时期就开始了。比如家长给孩子唱歌这一行为，会根据婴儿的成长而变化。但有一点很明显，家长只是给婴儿唱歌，婴儿很喜欢。此外，婴儿可以区分出不同的节奏，表现出比成年人更敏锐的辨别能力。根据这些研究成果，我们可以预想，婴儿对于音乐以及歌曲中所包含的各种"感情"有着感知能力，可以在享受音乐和歌曲的同时培育自己的表现能力。

在保育园里，保育人员应该如何创造让婴儿接触音乐和歌曲的环境呢？

◆接触音乐

担任1岁班级的一位男保育员，一边弹着吉他，一边唱着歌。当他看到孩子们听着似乎并不快乐时，就故意将最后的音节唱跑调了，这时孩子们却高兴起来，这是因为孩子们知道什么是正确音调的一种反应。当时，在一旁的一位女保育员提醒男保育员说，"你应该用正确的音调来唱！"我们应该如何看待这个问题呢？回顾自己上小学时，还不懂得音调，好像只知道高音是女生的声音，低音是男生的声音。如今的孩子平时接触音乐的机会比较多，很小的时候就懂得了音调。

在男保育员的吉他伴奏下唱歌。
保育员可以根据孩子的反应确认孩子是如何品味音乐、表现音乐的。

“音乐”到底是什么？在日本婴儿学会的圆桌会议上，我们曾经讨论过这个问题。在保育园里，我们要求保育员给婴儿唱歌时要“充满活力”，以“正确的音调”唱给孩子们。我基本没有看到过像讲故事一样“给孩子们唱歌”、将歌曲的本质传递给孩子们的情况。有人提议，在保育过程中，我们需要清楚地知道眼前的每个孩子体会音乐、表现音乐的能力。与安静的环境相比，婴儿对唱摇篮曲，或者玩的歌曲等音乐表现出了偏好。在人类之外的动物中，如果经过训练，有的动物也会识别音乐的刺激性。然而，与音乐相比，动物更偏好安静。人类的婴儿或者幼儿喜好音乐是与生俱来的素质，而他们最喜欢的音乐是什么呢？与管弦乐或者吹奏乐等大规模演奏相比，婴儿对身边的音乐更感到亲切。

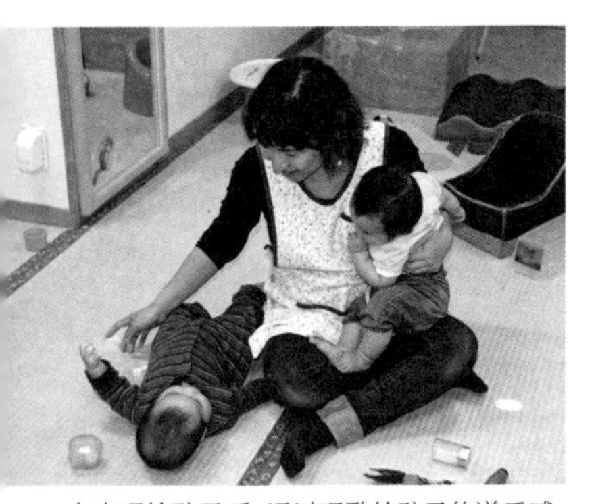

大声唱给孩子听，通过唱歌给孩子传递乐感。

许多家长给还不会说话的婴儿像讲故事一样地唱歌，一边看着婴儿的反应，一边改变歌的速度或者节奏和旋律。这样“对婴儿唱歌”的形式在众多文化中都得到了认同。伴随着孩子的成长，家长把给孩子唱歌改为孩子可以一起跟着唱的形式。伴随着孩子的发育，婴幼儿越来越喜欢家长给自己唱歌或者跟着父母一起唱歌。

◆音乐表现

孩子们喜欢父亲或母亲给自己唱歌，因此，婴儿在保育园里也喜欢听非常自然的音调，比如他们喜欢敲打和触摸身边的东西发出的自然的声音。我们保育园里，当男保育员弹吉他唱歌，敲着吉他盒子打节奏时，孩子们就非常高兴。因为他们更喜欢像讲故事一样的音乐，而不是死板地随着钢琴伴奏唱歌。

那么，听音乐的能力以及自己创作音乐、自己唱歌、自己演奏的能力是如何发育的呢？

日本有一本叫《婴儿学习能力展示 Vol.2》[①]的杂志，上面曾经刊载了一组专辑。理化研究所脑科学综合研究中心语言发育研究小组的山根直人对婴儿的音乐表现能力是这样评价的：“婴儿具备多种多样的、极强的音乐表现能力。”“婴儿的喃语中包括了对听到的音乐做出反应的‘音乐性喃语’。喃语又逐渐分化为歌和语言。在歌唱表现方面，个人差别很大，每个人都会带着自己的特征成长，有着自己独特的世界。”

保育员有时会指导孩子用正确的音调唱歌，然而，所谓正确的音调是大人的基准。孩子会以自己的声音为基准，而不以大人认为正确的音调和规则唱歌。这时，如果大人以大人的基准告诉孩子你的音调不对，会使孩子不再喜欢音乐。

山根直人提出，“音乐对于婴儿及幼儿来说就是他身边的环境，是生活的一部分，是一种游戏，是自我表现的手段。因此，为了使婴儿及幼儿从音乐中得到快乐，帮助孩子亲近音乐，就不应该从老师和保育员的角度出发，而应该理解婴儿及幼儿真实的表达方法，接受他们的表现形式”。

婴儿喜欢拍响身边的东西当玩具玩。

①《婴儿学习能力展示 Vol.2》，成人书房，2009 年。

◆保育中的音乐环境

在婴幼儿保育中，“音乐”起到了什么样的作用呢？在“婴儿与音乐”专辑中，日本埼玉大学教育系志村洋子教授指出，最近，为了丰富新生儿及哺乳期婴儿的情操，许多家长都考虑在孩子出生后就给孩子创造一个良好的音乐环境。为了“益于婴儿大脑的发育”，给孩子听CD，许多家庭都给孩子准备了DVD。为了满足家长们的这种需求，保育园及幼儿园在保育中采用了冠以脑科学名义的音乐教育以及乐器演奏这样的技能训练等多种多样的活动。然而，从音乐教育专家的角度来看，也看到和听到了一些令人吃惊的现象。志村洋子教授对于在保育中应有的音乐教育是这样考虑的，即“音乐具有振奋精神、使生活充满活力的一种非凡的力量。要意识到在日常保育中如何奠定一个接受音乐所具备的力量的基础，对于生活在当代的婴儿来说是非常重要的”。为此，我们可以做些什么呢？“准备好可以让婴儿享受音乐、培养乐趣的环境。创造一个能够让孩子们自由地听到音乐或者声音、在不想听的时候可以不听的环境”。

音乐对于孩子们来说也是一个环境，需要保障孩子们享受音乐、与音乐互动的环境。

孩子本来就具有快乐地歌唱的欲求。

◆音乐的目的是什么

为了从婴儿时期开始就让孩子快乐地体验音乐，保育员应该做些什么呢？在“婴儿与音乐”专辑中，有两个相关线索为我们提供了参考。

日本甲南女子大学人类科学系综合儿童学科坂井康子教授关注的是“自己编的歌”。婴儿以及幼儿可以在自己的语言中加上即兴的调子用嘴哼出来的歌，这就是“自己编的歌”。以前，孩子都是听着家长唱的摇篮曲以及兄弟姐妹唱的儿歌长大的。在这些歌中有着“将语言变成歌”的法则，婴儿在不知不觉中熟悉了这些“自己编的歌”。最近专门为孩子们编的歌曲比比皆是，反而使孩子们忘掉用自己的语言编歌的乐趣。也许我们需要重新审视这些“自己编的歌”的意义。

在快乐的歌唱之中，孩子可以去体会声音的大小、声调的高低，以及如何表达自己的情感。坂井康子教授说，“希望孩子从小就能够用自己的语言说话、唱歌、表达自己的真实想法”。

婴儿以各种发声方法做出丰富多彩的表达。刚出生的婴儿的音域是有限的，声音的大小也是有限的。但是，婴儿的声音却有着丰富的表情。静冈大学志民一成准教授对保育员是如何看待婴儿唱歌表示忧虑。

“看到幼儿园里孩子们唱歌的情景，孩子们充满活力地唱歌是一种非常自然的姿态，保育员对孩子们说，‘你们唱得真好’，‘声音真响亮’，以鼓励孩子唱歌。孩子们唱歌有各种方式，人们主张不应该要求孩子像儿童合唱团团员一样发声唱歌，应该限定在唱儿歌的音域唱。”

孩子大声唱歌，你会感到孩子非常快乐，充满活力，好像情绪得到了释放。但是，孩子们真是这样吗？志民一成准教授认为，婴儿出生后不久，就会和着母亲声音的高度发声。如果孩子一出生就具备了这个能力，那么婴儿本能地就具备自己想要很好地、快乐地唱歌的欲求。但是，这种所谓的很好地、快乐地唱歌，绝不是音调准确、声音好，而是要有表现音乐的声音的宽度。

在保育中不仅要求孩子们“充满活力、大声地唱歌”，还要了解孩子们从中能够增长些什么，感受到些什么，从感性的角度预测孩子们在生活和玩耍中如何提高表现能力，为他们提供帮助。

mimamoru hoiku

从哺乳期开始就要与人接触

◆孩子与孩子的接触

在保育园的日常生活中，我们会经常感觉到镜像神经元在人与人的接触中起着重要的作用。

1岁的孩子们在喧闹，有一个孩子的头碰到桌子上，另一个孩子立刻叫到“啊，疼！”像自己碰了头一样，用手按住相同的部位。因为自己曾经碰过头，体验过疼痛，因此，当看到小朋友碰了头时，就像自己也碰了头一样，出现条件反射。这样的情况多次重复后，别人的行动就会成为自己的体验之一，引起大脑活动。与小朋友一起玩，在某种意义上来说，体验也许会是双倍的。但是，与大人不同，他们可能还不能有意识地站在对方的角度，与对方产生共鸣。

超出我们的预想，孩子们早早地就开始了相互接触、相互影响。

让·皮业杰认为，年纪小的孩子是以自我为中心进行思考的，也就是说“他们将所有的事情都站到自己一方来思考，因此，不能站在对方或者他人的角度看问题”。人们通常认为，这种以自我为中心的思考，从7岁左右开始，一直持续到具体操作期阶段。这不仅是让·皮亚杰的观点，也是孩子们的能力所致。我觉得，从婴儿时期开始认知他人有着重要的意义。

我们保育园拍摄的录像中录下了这样一个镜头。一个1岁半左右的婴儿，看到一个比自己大几个月的孩子在垫子上跳起来摔倒了，就嘿嘿地笑了起来。被笑的那个孩子为了让笑他的孩子笑得更欢，故意又摔倒了几次给他看。这种情况持续了5分钟以上。即使只有1岁，也会在和小朋友一起玩中感到快乐。对于笑的那个孩子来说，不知道是一种与大人逗他时相同的反应呢，还是一种与看到东西翻滚时感到很有趣相同的反应，也许是一种自我为中心的行为。然而，如果是大人，无论是谁，故意翻滚多少次给自己看，也不会发自内心地感到快乐。故意翻滚给对方看的孩子，明显地意识到了看他翻滚的孩子。而且，他还预测到了下一次他还会笑，才故意反复翻滚的。这说明，婴儿已经对自己以外的事情有共感、有预测、有想做贡献的行为的萌芽。从这个意义上来说，毫无疑问，这个事例表明孩子之间的这种关系非常重要。

这样的事例，还经常发生在0岁或者1岁孩子的班级。但是不能因此就说婴儿总是愿意和别的孩子玩，有时候他们也会故意使坏。比如会把别人正在玩的玩具夺走，或者突然抓住对方的脸。在我看来，这些行为绝不是攻击性行为。因为，婴儿也有可能用自己的指甲划破自己的脸或者手脚。看到抓到其他孩子，立刻就会想到“抓！”，这对婴儿来说，是一种意识自己和他人的行为，好像是在确认对方的脸或者手脚。就像他触摸东西，想要确认那个东西一样，他想通过抓别人的脸进行确认。那不是“抚摸”的动作，

他想抚摸吃奶中的孩子。这不是攻击性行为，而是意识到自己和他人的行为。

而是“抓”的动作。这在大人看来是一种比较危险的动作，就会把婴儿分开，让他去抓大人。可是，我认为应该让孩子去体验自己不喜欢的孩子的存在，体验别人不喜欢自己以及感受被抓的感觉，等等。

2012年2月，AFP通讯社发布了以下有关婴儿行为的有趣报道。

澳大利亚查尔斯特大学（CharlesSturt University）的研究小组在保育园婴儿的头上装了一个小型摄像头，用了两年时间观察他们如何与其他婴儿交流。他们给婴儿装摄像头不是强制的，每次带镜头的时间只有10~15分钟左右。在他们收录的图像中，有还不会说话的孩子（6~18个月）自己交朋友、相互逗对方笑的记录。该大学的杰尼佛·萨姆逊(Jennifer Sumsion)教授说，“当我们看到婴儿的社交能力以及互助能力，还有将别的婴儿邀请到自己的圈子里等这些非常熟练的能力时，我们感到非常吃惊”。根据萨姆逊教授的研究，婴儿是使用视线和手势以及幽默进行交流的，婴儿“还会做只有在近距离观察才能发现的比拟社交游戏”。比如做出要把玩具给对方

的动作，在最后一瞬间却把玩具拿走了。相邻而坐的婴儿还会故意调换饮料玩等。在录像中，有一个1岁的女孩儿，悄悄地将一块薄布盖到感觉有些不安的孩子头上，这是一种关心他人的行为。“令我们非常吃惊的是，如此小的婴儿之间也能这样玩。通过摄像确认的这些情况是十分有意义的”。

我们这些每天都在保育现场的人，对于这种婴儿与其他孩子交流的情景并不会感到惊奇，因为这些我们每天都能看到。虽然我们经常可以看到这样的情景，而在谈及婴儿时，人们为什么都只重视母子关系以及与特定大人的亲密关系呢？

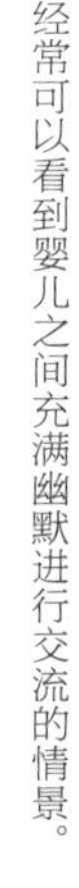
经常可以看到婴儿之间充满幽默进行交流的情景。

mimamoru hoiku

婴儿的发育

在婴儿教育中,最重要的当然是援助和引导孩子的“发育”。然而,说起发育,我们还是有太多未知的东西。因为与其他生物相比,人类是一种极其复杂的生物,其复杂程度是无法用我们人类的力量来揭示的。如果对这些复杂现象进行梳理,则会有新的发现。

曾经有人认为,发育受遗传因素影响。不管后天怎样教育,先天的部分是没有办法改变的,这种看法占大多数。但是,现在人们已经认识到,环境与遗传因素对孩子有着同样大的影响。

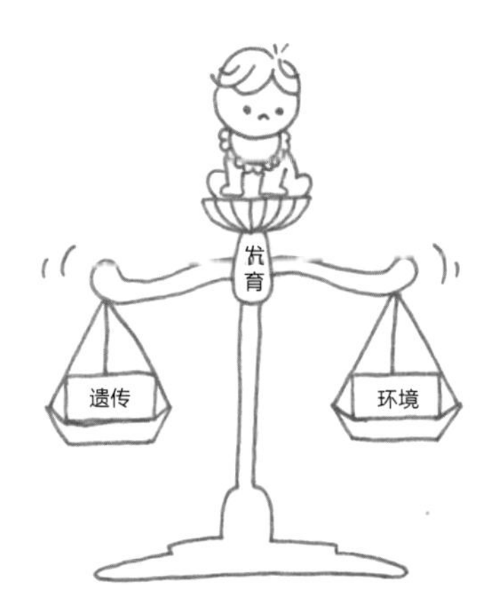

在发育过程中,遗传因素与环境影响几乎起着同等作用。

发育不一定直到成人都是呈直线形向前发展的。有时候你会感觉到是在原地踏步,有时候你甚至会感觉到是在倒退。同时,也不是所有能力随着年龄的增长都会衰退。现在,人们开始认识到发育在人的一生中是变化的。也就是说,人们不再认为随着孩子的发育,他们就会做越来越多的事情。

从这个观点来看,各个年龄段的发育,会影响孩子的一生。因此,从婴儿时期开始,就需要注意每个时期出现的发育特征,以便对孩子的发育提供帮助。

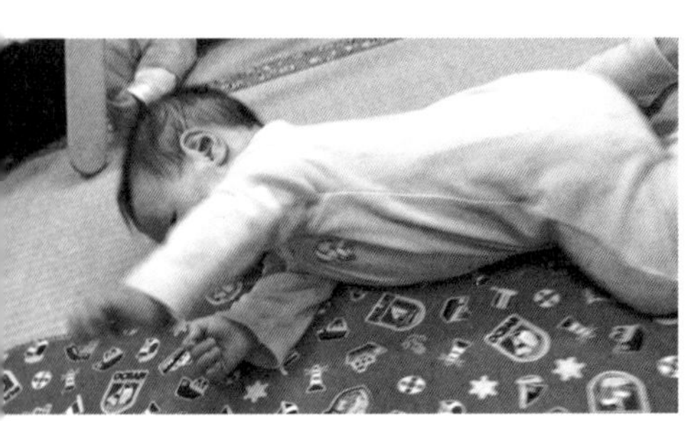

从每天躺着的状态开始学会翻身，学会爬。孩子的发育是按照固定的顺序进行的。

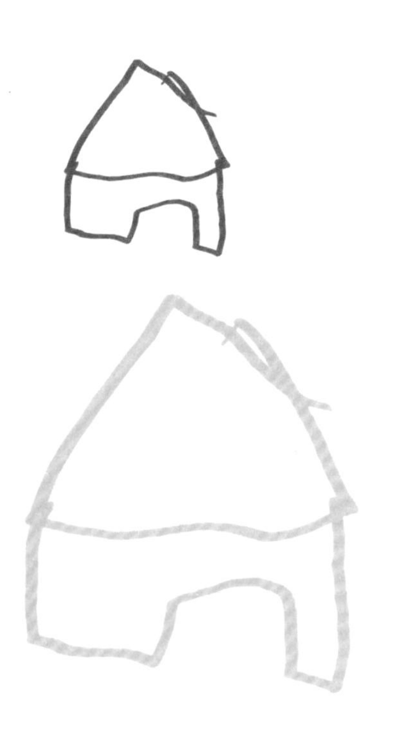

发育有以下几个特征，需要引起注意。

◆发育的顺序性

首先，发育是有顺序的。发育在人的一生中是有变化的，发育的速度因人而异，并不是所有的人都一样。但是，发育一定是按照一定的顺序进行的。婴儿出生后不可能未经过爬行阶段就会走路。这就是发育的顺序性。如果发育的顺序不同，孩子的发育就可能会出现一定的问题。但是，发育的时间因人而异，因此不必过分担忧。

◆发育的方向性

发育的特点中还有一个就是发育的方向性。从人生这个较长的过程来看，方向性是指“为了实现某一个目标，在切实朝着这个目标前进的过程中，每个时期有着每个时期的发育”。不失去方向，这在孩子的发育过程中非常重要。不仅仅是人类，所有的生物都有着给子孙留下遗传基因的方向性。这是生存下去所必要的能力。比如培育五感不仅仅是身体的问题，还是只有人类才具有的方向性，即遗传了为“很好地生存”下去的一种改善和改良的能力。人类制作工具、使用工具、改良工具、创造发明，不断地循环往复。婴儿对各种东西发生兴趣，目不转睛地盯着看，想要触摸，都是朝着只有人类才具有的创造工具这种发育的第一阶段发育。

婴儿对所有的事情都感兴趣，这是人类开始发育的第一阶段。

◆发育的连续性

人类在朝着某个方向发育成长的过程中，各个时期的发育并不仅仅是那个时期才需要的，其实那也是为日后做准备的发育。并不是突然某一天孩子就会抓东西了，而是在那之前你就察觉到了孩子抓东西的征兆，这就是发育的连续性。某些时候，你会感觉到似乎发育停滞了，然而人类的发育是持续变化的。因此，充分保证孩子在每个时期的行动非常重要。因为“活好现在”就会成为“创造理想未来的能力”。

在大人看来似乎是毫无意义的、毫无益处的事情，对于婴儿来说，肯定是一种面向未来而必要的学习。

通过在生活中与其他孩子的接触，有利于相关能力的连续发育。

◆对发育的影响

我思考孩子发育问题的契机是因为读了一份调查报告。那是

日本文部科学省作为幼儿保育一体化的资料提出的《关于幼儿园接收2岁孩子的调查报告》。这份调查报告中提出，“在集体保育的2岁孩子中，尚未出现在玩中互动的情况”。孩子之间是否出现互动，不能因为在2岁的孩子中未看到，在3岁的孩子中看到了，就根据孩子的月龄，认为没有必要进行集体保育，我对这种说法有疑义。

前面讲到发育受到遗传和环境两方面的影响。在我们思考“与人交往的能力”如何发育的问题时，我认为，遗传的能力是在环境中表现出来的。人类遗传了构成高度社会的遗传基因。因此，婴儿肯定会朝着构成社会一员的方向发育成长。为了生存下去，他们需要通过参与社会，经历各种体验。他们会目不转睛地盯着睡在自己身边的孩子，用眼睛追着跟跄学步的孩子，想要触摸身边孩子的身体。说明从婴儿时期开始，就需要身边有小伙伴这样的环境。但是，现代家庭孩子少了，一般只有婴儿和妈妈两个人。这样，孩子出现这种行为的时期就会滞后。

从婴儿时期开始，身边就需要有孩子。

婴儿在与周围孩子的接触中，会去模仿其他孩子，与其他孩子争夺东西，触摸其他孩子的身体。这些行为逐渐会发展为与其他孩子一起玩。这种参与能力将连续发育下去。在家中只有母亲和婴儿这样一种极不利的环境中，不会形成与人交流的能力。但是，如果增加与居住地区人们接触的机会，增加观察在公园玩的其他孩子的机会，这些体验的积累超过了一定水平后，这种交流能力就会出现。我认为，是遗传因素和环境因素的相互影响在促进孩子的发育，而并不是遗传因素或者环境因素其中一个占有优势，只是影响的程度不同而已。这种平衡关系因这种能力出现的时期而异，因此不能一概而论地断定几岁会出现这种行为，将发育过程简单地以年龄区分是没有意义的。

◆符合发育的保育课程

我们究竟应该为孩子做些什么？大多数人会认为只要能够适当地满足孩子的欲求就可以了。可是，婴儿还不能用语言来表达自己的欲求。因此，了解发育的特征是非常必要的。发育好像是在按照一定的顺序连续进行，然而，发育的时间或者发育的速度会因人而异，我们还不能忘记每项发育都有它的准备过程。这个准备过程的环境会影响到下一项发育。

现在，人们已经不再提发育阶段这样的说法了。这是因为人们已经认识到，发育不是呈阶梯状直线进行的。新西兰婴幼儿教育课程中有一个新西兰国家幼儿教育课程大纲。这个教育课程大纲强调应该反映孩子的综合发育，其具体内容中首先列举了“被赋权(empowerment)”，即应该赋予孩子自己学习、自己成长的能力和权限。其次列举了“发育的整体性”，就是在婴幼儿保育过程中理解孩子的学习和成长过程是不可分离的，并在保育过程中付诸实践。孩子热衷于一件事情，就会从那件事情开始去开拓他的世界，掌握必要的知识和能力。发育既不是阶梯状，也不是螺旋状，而是放射状地扩展的。新西兰国家幼儿教育课程大纲中提出“家庭和地区社会”是影响孩子发育的因素。认为家庭以及所居住地区等广义的社会是婴幼儿保育中不可缺少的环境。在街头看到的消防车也会成为保育课程的教材，这是因为这个教材会影响婴幼儿的发育。为了将其变为可以对孩子施加影响的环境，与环境的“关联性”非常重要。孩子是通过与人、与环境、与物这种应答性的、对等的关系中进行学习的。

新西兰国家幼儿教育课程大纲

新西兰幼儿教育体制的名称，在毛利语中原意为编织物。“编织物是经纬交织而成的，象征着认可不同、保持美妙的协调”，以利于与原住民毛利民族的融合。因此，保育课程的基本原理中加入了毛利原理“给予孩子们学习成长的力量。”

在少子化社会，需要有意识地给孩子创造与各种人接触的环境。保育设施也是其中不可缺少的环境之一。

不同的人对发育提出了不同的观点。这些观点经过脑科学研究，有些得到了证明，有些遭到了否定，有些尚存疑问。我们应该思考最新的观点以及地区性的特点，像新西兰国家幼儿教育课程大纲一样，根据发育状况来制定婴幼儿保育课程。

◆少子化社会中的婴儿保育

镜像神经元的发现，使人们认识到人类是一种在社会中生存的生物，在孩子的发育过程中，集体这个“他人”的存在具有重要的意义。但是，在少子化社会中，对于人类的成长发育所必需的“他人”越来越少。在这种状况下，我们需要通过新的科学研究来重新审视婴幼儿保育。在保育现场，我们感觉到在多子社会时期所建立起来的发育论以及生活论、保育及教育方式已经无法对应目前的状况。

意大利出生的神经学学者马克·亚科波尼在他的著作《发现镜像神经元——“模仿细胞”所披露的脑科学奇迹》[①]中，对有关镜像神经元的最新研究成果做了简洁的说明。这本书的封面宣传语称“是与生物学中发现DNA同等重要的发现”，“从菲律宾猕猴中偶然发现的镜像神经元是一种可以模仿其他个体行动的、引爆脑神经细胞。最新的研究表明，该细胞在人体中也具有控制从共感能力到形成自我意识的这些重要部分。”

在少子化社会中，为了发挥模仿细胞的能力，在与其他生物接触的过程中，了解他人，了解自己，作为社会一员健全地发育，需要从婴儿时期就开始实施集体保育。

马克·亚科波尼

镜像神经元是由意大利帕尔马大学神经生理学家贾科莫·里佐拉蒂(Giacomo Rizzolatti)研究小组在1996年偶然发现的。他们发现菲律宾猕猴在自己捡起食物与看到实验人员捡起食物时，大脑相同部位同时活跃，因此而命名为镜像神经元。但因为用猴子不能验证感情，于是在2003年，UCLA的马克·亚科波尼验证了试验对象做出恐怖、悲伤、愤怒、幸福、惊诧、厌恶的表情时，与看到做出这些表情的人，镜像神经元与处理情感的大脑相同部位也同时活跃。

---

①马克·亚科波尼：《发现镜像神经元——“模仿细胞”所披露的脑科学奇迹》日译本，早川书店，2009年。

MiMAMORU

婴儿保育之实践

按照功能和用途配置空间，分成不同的区。

mimamoru hoiku

保育室

◆分区

《科学》杂志曾经报道过，在人类集体生活的旧石器时代，已经在按不同目的区别使用空间了。人们对西亚地区某个遗址中出土的炉灶以及石器等的分布情况进行了分析，认为遗

址主要分成了两个区。

在炉灶周围出土了很多经过加热处理的石器以及经过加工的鱼、螃蟹、果实类等。在远离炉灶的地方，集中出土了未经加热的石器，还发现了一些切碎的食物。在不同区中，生活过什么样的集体？有过哪些作业？揭示这些还有待于今后的调查和研究。

开始建造住所时，首先要画出“整体图”。决定住所性质的是整体结构，这就叫分区。分区的本意是指制定城市规划

和建筑规划等，简单地说，就是根据功能和用途等配置空间。这是在考虑各个区的连接、动线以及便于使用的基础上，布置房间格局时所使用的手法，但不一定局限于平面配置。将建筑物按上下层垂直配置空间叫垂直分区，水平配置空间叫平行分区。

古代人也对住所进行分区，分区在决定住所性质上非常重要。当然，我们保育室也应该进行分区。

◆绿视率

在眼睛能看到的景色中有多少草木的绿色叫“绿视率”。当绿视率达到大约25%时，人就会感到绿色很丰富，精神上会受到好的影响。绿视率不仅适用于室外空间，同样也适用于室内空间。室内置放一些植物，会提高绿视率，感觉“有暖色”“很亲切”，具有“舒适”“心疗”等提高心理舒适度的效果。反过来，如果把植物撤掉，有丧失感和精神压力的人就会增多。但需要注意的是，如果室内绿视率很高，也会有人感到“绿色太多，阴郁”。

在室内适当放些绿色植物，可以起到稳定情绪的作用。绿色植物也可以用假花草代替。

从这些结果可以看出，保育室和教室适当地放一些绿色植物，会在精神上给孩子们带来好的效果。日本尚未实现这样的空间配置。德国的保育室以及小学校的教室中，放了很多绿色的东西及绿色观赏植物。除此之外，还准备了像阁楼(loft)以及孩子们可以钻进去使他们情绪稳定的各种空间。

◆分龄保育的意义

提起幼儿设施中的保育室，常常浮现出小学教室的情景。保育室全部向南排成一排，与走廊连接。在保育室中，按照学年安排孩子，由老师统一进行指导。

分龄保育也许是基于年龄(月龄)=发育这种思维方式的考虑，这在大体上是没错的。日本许多保育园都实施分龄保育，主要根据学校的学年是4月开始的来划分。

如果需要向孩子集体教授某些知识时，一般都是向同年龄的孩子集体教授。但是如果自上而下地灌输知识，不论是同龄集体还是混龄集体，基本没有太大差别。说句比较极端的话，就是教师拿着教鞭强行灌输就可以了。

然而，从接受教育的角度来说就不同了。因发育上的差异以及对兴趣的关心程度，孩子的理解程度大不相同。发育以及对兴趣的关心程度可以以年龄而标准化。因此，对于4月出生和5月出生只相差1个月的孩子，同班生活是可以理解的。但是把3月出生和4月出生也仅相差1个月的孩子放到不同班级又是为什么呢？仔细想来，这是一种非常奇怪的区分方法。

新宿省我保育园保育室的区分方法

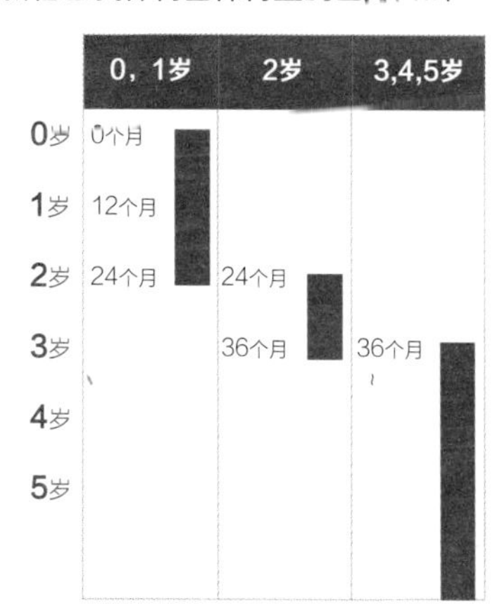

0~1岁的孩子在发育速度上存在着差别，因此，不是按照月龄，而是按照发育程度放在一起进行保育。
只有2岁的孩子是按照年龄区分进行保育的。这是为了观察孩子在发育上有无障碍以及每个孩子的发育状况。同时，在萌发集体意识的时期，集体不宜太大。
3~5岁的孩子则按照课题灵活地组成孩子集体进行保育。

◆分龄保育的历史

日本的学校制度中为什么按年龄分成学年？明治时期建立学制时，对国民规定了接受教育的义务。之前的江户时期，日本的就学率之高在世界上获得了很高的声誉。家长都让孩子们上学堂①等接受教育。既然不是义务，也不是学历社会的要求，为什么家长要让孩子接受教育呢？我感到这是一种接近日本人特有的伦理观、道德观的东西。不是依靠强制灌输，而是非常自觉地去接受教育。

到了明治时期，提倡富国强兵，一般老百姓也被卷入战争。在此之前，都是经过训练的武士集体参加战争的。而后来，全体国民都被卷了进来，都需要接受战争训练。学校增加了为战争增强体质的体育课，以及运动会等类似军事训练的活动。而在江户时期，学堂里没有体育课，孩子们通过爬山或在学校周围跑步来锻炼身体。

为富国强兵而实施教育，为发展产业培养必要的人才，锻炼身体，都不是为了个人的幸福，而是为了富国强兵。为了达到这个目的，最有效的教育方法就是按照出生年月日，将学生分成学年，建设教室、校舍、操场、体育馆，实施忽视个人发育程度和个性的集体授课。

第二次世界大战战败以后，这种教育方式告终，开始主张尊重自由和个性。其结果是集体开始松散，忍耐、做不喜欢的事情、区分擅长或不擅长等均被否定。宽松教育被误解成什么都不做，综合学习被误解为不教授知识，造成了混乱。纠正这些，时不我待。人们开始认识到，由老师教授知识的课程和孩子们自己发现

学堂

日本江户时代普及贫民教育的机构。当时尚未建立起义务教育制度。这种学堂到了天保时期骤增，最多时达到15000多个。教育内容具有很高水准，很多贫民因此学会读书、写字、打算盘。当时日本的识字率男性为51%，女性为49%，为世界第一。

①日语叫“寺子屋”，日本江户时代普通老百姓的孩子接受教育的场所。

知识的活动两者都是必要的，人们对什么是孩子未来所需要的能力和基础知识，对今后小学教育方式均提出了质疑。

在婴幼儿教育中，也需要重新审视以往的教育形态，构筑起今后应有的教育形态。

◆婴儿分龄保育

婴儿保育与幼儿保育不同。在婴儿保育中，保育园不需要考虑如何让孩子适应今后的小学教育。一般只是在分割好的空间内，让婴儿和特定的保育员在一起。首先，我们来重新审视一下这种保育方式。

比如年度开始时，0岁孩子的保育室有4月5日出生的孩子。这个孩子在新年度[①]开始后立刻就变成1岁。到年度结束时则接近2岁。接近2岁时，孩子抗传染病能力增强，不仅会走，也可以到处跑，探索活动也多了起来，想要到各种地方去探险。自然，玩的范围也扩大了。

而在同一个保育室里，刚结束产假的妈妈送来的孩子只有两个月大，还不会翻身，尚不需要很大的空间。但是很容易患上各种传染病。结果就是把发育有很大差别的孩子放在同一个房间，而“同龄”的孩子放在“隔开的、安静的保育室内”。

因此，婴儿不需要按照出生年月日区分生活空间，只要规划出可以促进孩子发育、对孩子发育提供援助的空间即可。孩子需要一个符合发育的、灵活的空间。如果能够有一个比较大的空间，使用隔断或者家具隔开比较好。有人会担心容易传播疾病，其实越是空间大的房间越不容易传播疾病。当然需要经常通风。在发生传染病时，需要把孩子放在保育室，等家长把孩子接走。在隔成很小的保育室的房间里，患病和没患病的孩

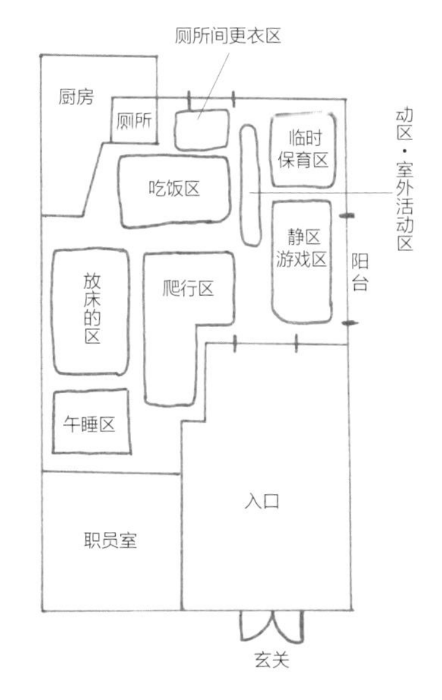

0～1岁孩子保育室的分区

为了不打断孩子的活动，玩、吃、睡的空间各自独立。

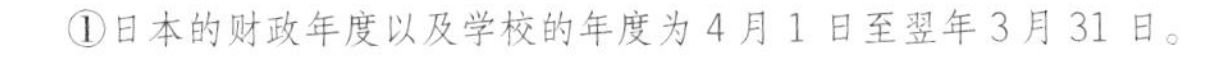

①日本的财政年度以及学校的年度为4月1日至翌年3月31日。

不会走路的孩子的空间，与刚会走路的孩子的空间分开，可以安心地让这些孩子翻身、爬行。

子之间很容易传染。如果是大房间，只要充分通风，反而可以预防传染。

◆玩的空间

根据孩子的发育情况区分婴儿室。在新宿省我保育园里，分为扶着东西走路的孩子的生活空间，刚刚会走和刚刚会跑的孩子的空间。刚刚会走的孩子的空间，为0~1岁的孩子在一起。孩子的发育不仅会因为月份不同而异,同时还存在个人差异。因此，不是按照月龄区分，而是根据孩子的发育情况去改变孩子的生活场所。不是过渡，不是更换保育员，也不是变更所在的班级，而是让孩子在符合发育的空间生活。

为刚会走路的孩子准备的空间，准备了可以走过去拿的玩具等。

空间的大小可以根据孩子的人数而变更，这个空间可以参考江户时代学堂的房屋格局以及学堂的授课方法。日本式房子可灵活运用空间，可根据用途改变房间大小的家具，以及将房子的内部和外部与自然结合，这些方法都可以作为参考。自古以来，日本对空间的考虑就不只是如何容纳人员，而是在空间布置上如何体现符合人的需求的“待客之心”。在世界上，日本在空间设计以及分区规划方面有着优秀的文化。

采用屏风做隔断，便于移动，可根据人数调整空间。

比如对建筑物的走廊和外廊的考虑，对建筑材料的障子和壁柜推拉门的考虑，还有体现利用空间智慧的“挂轴画”以及“屏风”。屏风不仅可以作为绘画来欣赏，同时在居住空间也可以作为挡风或者隔断使用。屏风的“屏”与“塀”为同义词，有盖上与防护的意思。在我们保育园里，有些隔断做成了可收放的屏风。牛仔布上有保育员手工制作的玩具用来训练孩子们使用手指。

用作隔断的牛仔布帘上缝上了可促进手指发育的玩具。

为一天睡几次觉的孩子准备的空间。在天花板上吊上布帘，使光线变得更加柔和。

mimamoru hoiku

◆睡的空间

在考虑发育状况的基础上布置空间，不仅要适合玩，同时也要适合吃和睡。考虑玩的空间时，更需要考虑每个孩子的发育情况。婴儿的睡眠大体上有两种：一种是3个月左右逐渐开始习惯夜间睡觉的倾向；另一种是在白天睡几次的多次睡眠的情况。首先，应确保多次睡眠孩子的空间，准备想睡时就能睡的圆垫。最好是保育员在照顾其他孩子的同时，也能接触睡觉孩子。圆垫区的照明，用薄一点的布帘罩上，或者用障子等隔开，让光线变得更加柔

为只在下午睡觉的孩子准备的空间。在地上铺上垫子，上面铺上被子，与小床之间用障子隔开。

和。最近的研究表明，婴儿白天睡觉时，最好让屋子里亮一些，有一些声音刺激，空气清新，这样可以防止猝死。多次睡眠的孩子会逐渐适应只睡午觉，最好使用在不用时能够简单收起来的折叠睡具。

在通风口上加一个吊扇以防止空气变混浊。

还需要给只睡一次午觉的孩子准备一个空间。午睡安排在午饭之后，但因为吃午饭的时间因人而异，为了避免铺被子时扬起灰尘，最好将吃午饭的空间安排在不同的地方。这个时段，有些孩子需要保育员在身边才能安心睡着。不用圆垫，而是在地板上铺上垫子，在上面再铺上被褥。稍暗一些的环境有利于孩子入睡。

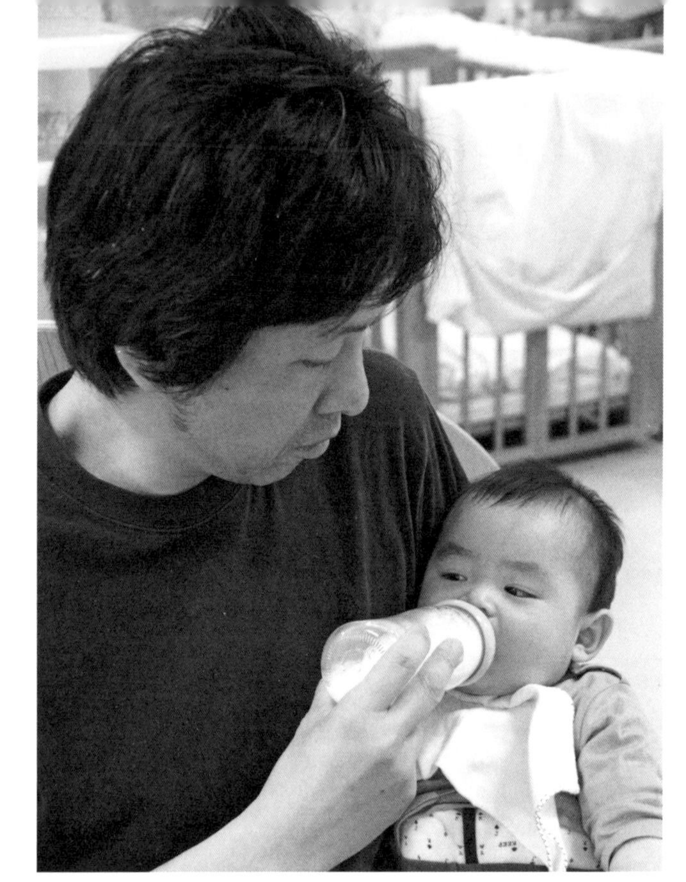

用奶瓶喂奶时，要像喂母乳一样轻柔。

◆吃的空间

婴儿的饮食，首先是喂奶。给孩子喂母乳时，母亲抱着婴儿，面向孩子，让孩子的脸贴在自己的身体上。保育园里由保育员用奶瓶喂孩子时，也需要同样的姿势。最近的研究认为，喂奶时不需要一直盯着孩子，因为孩子在吃母乳时，并不只是看着母亲。如果还有一个相差1岁左右的孩子时，母亲也不会把视线只集中在吃奶的婴儿身上。婴儿的眼睛会追逐活动在周围的兄弟姐妹的动作。在保育园，保育员也可以一边喂奶，一边照顾其他孩子。没有必要专门设置喂奶的空间。

从吃断奶食品起，需要1对2的保育，这样可以使孩子看到其他孩子以及保育员吃饭的行为。

断奶时期非常重要，因为这是婴儿开始自己吃饭的准备时期。自己吃饭不仅是学习技能，同时也是在学习饮食文化、饮食行为、社会规则。从太古时期开始，孩子就是在大家庭共食的环境中，学习饮食文化（吃饭方式及吃饭礼仪）以及理解他人，学会应该遵守的礼仪。人们认为，在形成饮食文化基础的婴儿期，与很多人一起吃饭的经历非常重要，有利于通过这些体验去理解别人，确立自己。

有关断奶的时机，大多数育儿书中都主张应该在“婴儿盯着大人吃饭时自己也动嘴巴”的时期。从发育的初期阶段开始，婴儿就会受到其他人吃饭行为的影响。开始断奶时，吃饭的场

随着孩子的成长，增加一起吃饭的人数。可以看到孩子之间变换角色的情景。

所应该是可以看到别人吃饭的地方。保育员与婴儿一起吃饭本身就是一种保育行为。

用勺子喂婴儿吃饭时，往往不自觉地自己也会张嘴。这被称作“共感性张嘴”，是一种无意识的、对他人饮食行为的模仿（感染运动）。然而，有趣的是“共感性张嘴”多数不是发生在断奶初期，而是发生在断奶中期。人们认为，这是一种“边脱离，边保护”的表现，这种人类母子间看似矛盾的关系，在促进身体自立的同时，还在保持心理上的联系。由此也可以看出，大家一起吃饭可以促进独立吃饭这一自立行为。

同时，大家一起吃饭在刺激味觉方面也非常重要。例如，看到有人吃西红柿很香，就会觉得自己吃西红柿也会很香。与其被人劝吃，不如看到别人吃得很香的情景，这样不会挑食。

出生1年后，可以看到“喂别人吃”的动作。在开始吃断奶食品的几个月内，基本上是由抚养人喂婴儿，这时，婴儿

德国保育园吃饭的情景。重视相互能够看到吃饭的形式。

会产生与喂饭人变换角色，自己让喂饭人吃饭的行为。这是被动作用变为能动作用的一种交替行为。婴儿喂别人吃饭的行为本来就是从喂婴儿吃饭的人那里模仿来的，这里重要的不是单纯模仿，而是一种变换角色的行为。在与他人交流的场面，反复重复这种能动角色和被动角色的交替，可以促进自己和他人的分化，最后走向自我主张。

代替保育员给小朋友系上围嘴。通过这种作用交替行为，促进自我和他人的分化，培养社会性。

有关婴儿期“吃饭与人类的关系”问题，以往人们只注意到喂奶时的皮肤亲近。其实在吃饭的场景中，包含了变换角色等婴儿期发育的重要行为。不但保育员应该仔细喂饭，还应该丰富保育员与孩子、与孩子集体一起吃饭的场景，为婴儿的社会性发育打好基础。

“共感性张嘴”多数出现在吃断奶食品中期。

小组保育

◆接生婆的作用

我们需要改变以往对婴儿环境中人的环境的看法。很久以前，人们都是在一个大集体中，经过折中妥协生存。在孩子独立之前，会接触很多人。集体首先有家庭这样一个单位，父亲、母亲的作用已经存在，不仅是母亲、父亲一直和孩子在一起，参与抚养孩子。同时，还有祖父、祖母、外公、外婆、叔叔、姑姑、舅舅、姨姨等其他家庭成员。孩子是在这样的环境中，在观察别人的行为中学习、成长的。

婴儿分娩时，都有接生婆帮助。接生婆给人的印象是帮助接生的老奶奶，而这里说的奶奶的原意可能不是年纪大的女人，而是祖母的意思。

NHK特别节目出版的《人，为什么会变成人》[①]一书中，记录了几十万年、几百万年历史中人类心理变化的历程。其中有一段人类为什么需要互助的内容，一个理由就是人类分娩比其他动物要困难。他们采访了美国德拉华大学卡伦（Kairen Cullen）教授，卡伦教授是研究骨盆形状的专家，他说，“迄今为止，人们一直都认为人类进化中重要的一点是使用工具和语言，主要关注的是从事狩猎等男人的活动，却忽视了胎儿分娩这个侧面。而我认为，对于人类的进化来说，这一点非常重要”。根据卡伦博士的

拉梅兹呼吸法

法国妇产科医生费尔南·拉梅兹在1951年前后创造的无痛分娩法。从妊娠期就开始锻炼慢慢吐气的呼吸方法，以及有意识地放松身体的迟缓法，可以减轻生孩子时的过度紧张和恐惧感，尽量以自然形态生产，是一种自然分娩法。

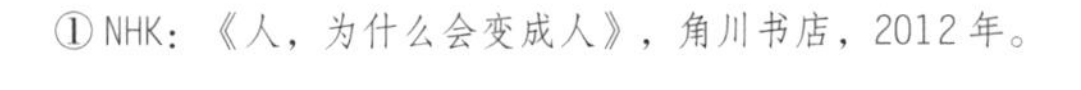

①NHK：《人，为什么会变成人》，角川书店，2012年。

介绍，“胎儿出生的过程是这样的——从上面看通过产道的胎儿头部，可以看到连接前额与后脑部的线较长，而连接双耳的线较短，呈椭圆形。然而，产道的入口在母胎左右方向呈长椭圆形，其朝向在产道中途以90度旋转。其后，又沿母胎的前后方向变成长椭圆形。因此，胎儿最大部位的头和肩必须沿着产道最宽的部分旋转”。

人类的分娩变得不像其他动物那样简单，必须借助他人的帮助。而孕妇身边最近的、最能够帮助她的人就是祖母，我想这可能就是接生婆的由来。

接生婆不仅仅在接生时提供帮助，在其后也继续给产妇和婴儿提供帮助。然而，不知从何时起，接生变成了医疗行为，除了在医疗体系尚不健全的发展中国家以外，这种状况已经成为世界性倾向。在美国，对于这种医疗行为的过多介入提出了质疑，要求自然分娩的呼声越来越高。有很多关于丈夫在分娩现场、拉梅兹呼吸法(Lamaze Technique)、水中接生等一些新的接生方法的介绍。

在这本书中，日本京都大学灵长类研究所所长松泽哲郎也讲道，“能够一个人独自抚养孩子的人根本就不存在。在高层公寓里，妈妈和孩子整天在一起，而父亲一直在公司里工作，这样的生活是脱离人类本性的抚养方式”。本来，孩子就是在众多人中间成长的。在美国等国家，有分娩讲师以及泌乳顾问等参与，“而对婴儿来说，肯定是母亲最好”。但是如果这等同于婴儿只是由母亲抚养，则在文化人类学上也是不正常的。

分娩讲师和泌乳顾问

20世纪70年代左右实施自然分娩时所诞生的新职业，有协助分娩的分娩讲师和指导母乳喂养的泌乳顾问。二者均为国际认证资格。

◆人类抚养孩子的特点

人类属于灵长类，原本是生活在森林中的生物。同是灵长类的黑猩猩留在了安全的森林里，而人类却来到了草原这样一个严酷的环境中。由于留在了安全的森林里，黑猩猩未能进一步扩展协同行动。黑猩猩是由父亲集体守护的，那是在抵抗外敌意义上的守护，而不是抚养孩子以及照顾孩子吃饭等。人类在严酷的环境中建立起了一种相互帮助、众人一起抚育许多孩子的生活。这正是保育园这样的地方。几个人照顾几个孩子的这种行为正是人类的本性。

抚养无助的新生儿的不是个人，而是集体，这是人类抚养孩子的特点之一。

在《人，为什么会变成人》中，卡伦博士（针对在分娩时孕妇感到不安，证明母亲心理比较脆弱）说，“事实并非如此。如果从人类在社会背景下分娩获得进化的角度讲，分娩时女性感到不安很自然。长期以来，孕妇在分娩时都有自己的母亲、姐妹、朋友在身边。女性在分娩时，希望有人在身边就是出于这个理由。我们就是在这样的状态下度过了漫长的岁月”。

从人在分娩时需要别人帮助这一点上也可以知道，人是一种社会性的生物，需要别人的帮助不仅仅是在分娩的时候，在抚养孩子这个漫长的过程中，也同样需要。卡伦博士说，对“照顾婴儿的母亲一直有人帮助。不需要自己一个人抱孩子，祖母、外祖母，姨妈、婶婶，叔叔、舅舅、父亲都能帮助照顾孩子。其他动物只有母亲照顾婴儿，而人类的特点是依靠集体，不是依靠个人来照顾婴儿。人类能够抚养没有能力、脆弱的婴儿，正是因为人类是一种具有文化性的动物”。

这个研究表明，人类是唯一由集体抚养孩子的生物。保育园保育指针中所要求的“与特定的大人之间形成情感的纽带”

又应该如何解释呢？对于这个要求，在许多保育园都采取了对婴儿“分工负责制”这种由特定的保育员照顾特定孩子的保育形态。但是，我们应该认识到，这种保育形态以及只有母亲一个人在家里的抚养方式，不能说是一种具有文化性的行为。

每当人类濒临灭绝的危机时，都不会将抚养孩子的责任完全推给母亲，而是由集体照顾，以成功地留下遗传基因。京都大学灵长类研究所所长松泽哲郎在《人，为什么会变成人》中还提出，“三代人同居，借助爷爷奶奶的力量抚养孩子，父亲也参与抚养，或者不只生一个孩子，还有相差几岁的哥哥姐姐，或者借助邻居爷爷奶奶的力量，这样的保育方式，可能是几千年、几万年甚至几十万年智人[①]抚育孩子的方法”。

在家庭模式趋于小家庭化开始，应该有意识地建立支持集体抚育孩子的社会网络。抚养孩子的负担都集中到母亲一个人身上，也许是造成少子化社会的一个原因。

◆从分工负责制改为小组保育

最近的研究发现，分工负责制这种由特定的保育员照顾特定的婴儿的思考方式并不正确。在保育园里，本来就不会出现经常更换保育员的情况。在我们保育园内，负责婴儿的保育员组成小组，由几个保育员同时负责。有时候婴儿会从几个保育员中选择自己喜欢的保育员，这时，应该尊重婴儿的意愿，由婴儿选择的保育员来照顾婴儿。在许多保育园实行分工负责制，结果是根据大人的意愿决定照顾婴儿的保育员，如果婴儿不喜欢，则会增加婴儿的精神负担。如果组成小组，婴儿则可以从中选择自己喜欢的保育员。

小组保育也会尊重孩子，听从孩子自己的意愿选择喜欢的保育员。

① Homo，智人，古人类。

让家长也知道自己的孩子在哪个小组。

用磁贴贴上换过尿布孩子的照片，在保育员之间做到信息共享。

保育室内，婴儿并不是一直选择固定的保育员，根据不同情况他会选择不同的保育员。他们会根据时间和场合区分选择保育员，有时候会跑到园长这里来，有时候会去让配餐员抱着。但是，有一点是肯定的，每当他们感到不安或者情绪不稳定时，肯定会从小组中选择一位保育员。这是因为他们已经与保育小组的几个保育员之间形成了依附关系。

小组保育也可以对应保育时间延长的情况。保育时间之外，孩子还留在保育园时，保育员必须排班照管孩子。这时，如果孩子只与一个保育员亲近，那个保育员不在时，孩子会感到非常不安。由小组排班照管孩子，不论在哪个时间段，小组里总有一个人留下。这种体制绝不是为保育员而安排的，而是考虑孩子可以接触各种各样的人，在与各种各样的人接触的过程中，学会如何成为社会一员。

午睡

◆为什么要午睡

孩子的健康成长需要什么？人们常说，需要适当的运动、均衡的营养、充分的休息和睡眠。的确，"睡好、吃好、活动身体"是必要的。最近的孩子在成长期所应有的基本生活习惯已经被打乱。有人指出，这些基本生活习惯被打乱，是造成儿童期学习意欲以及体力、精力下降的原因之一。基于这种状况，日本政府从2006年开始积极开展"早起早睡吃早饭"运动，以期确立孩子们的基本生活习惯，保障生活节奏。因此，在婴幼儿保育设施中，也有必要重新审视"睡、吃、玩"的问题。

在《婴儿学习能力展示 Vol.2》杂志中，有一个关于婴幼儿午睡的专辑，介绍了专家们的见解。日本兵库县县立康复中心中央医院儿童睡眠与发育医疗中心所长三池辉久提出警告，"午睡是人类所具备的、被称为'时间生物学'（半天节奏的一种生理现象）的一种行为，一般是在12点到15点之间午睡。现代孩子在家里睡午觉的时间不确定，午睡的时间比较迟，有些孩子到了快傍晚时才开始睡午觉。即便是生活相对比较规律的保育园里，午睡的时间也发生了变化，有的孩子15点以后才睡，睡午觉的时间都不一样。其原因是孩子的生活方式趋于夜生活，进入睡眠的时间比以前晚了1～2个小时以上。（1）婴儿的

新生儿不分昼夜睡觉，经过一段时间后，开始在夜里整睡。

近半日节律

吃过午饭后人会感觉困，是因人所固有的生物节律所致，其中包括以24小时为周期的生物节律周期和以12小时为周期的半生物节律周期，以及以2小时为周期的生物节律周期。其中在白天也会感觉困是因为近半日节律和时间生物学节律重叠在午后2点至4点，据说在这个高峰期睡午觉，可消除困乏，提高效率。

时间近半日节律(circasemidian rhythm)错开，变成在14 ~ 17点这个时间段午睡；或者(2)早晨起不来床(因为进入睡眠得晚，而起床时间还和以前一样，造成睡眠不足)，午睡不是基于近半日节律的一种行为，而是成为睡眠不足的一种补充”。

一般认为，婴儿睡午觉，幼儿不睡午觉。调查结果表明，实际状况是在托儿所里婴儿下午集体午睡；在幼儿园里，有的孩子在傍晚回家午睡。现在，保育园里的孩子要比在自己家的孩子生活更有规律。

◆是否需要午睡

那么，是否真的需要午睡呢？稍大一些的孩子不睡午觉的保育园比较多，是不是稍大一些的孩子就不需要午睡呢？日本御茶水女子大学教授榊原洋一针对婴幼儿的睡眠提出，“睡眠时间以及生活节奏在孩子的发育过程中会发生变化。出生后不久，婴儿的睡眠时间为15 ~ 16个小时，而1岁左右则为12个小时，之后到了5岁左右，会逐渐减少，为10个半小时左右。成人之后，会进一步缩短为约7 ~ 8个小时。到了老年则会缩短至5 ~ 6个小时。从出生到4个月左右，会不分昼夜一次睡上几个小时，而从6个月左右开始则会集中在夜间睡觉……午睡由婴儿期的零散睡眠改为集中夜里睡眠，一部分会留在下午短睡(1个小时左右)。现在，除了欧洲南部国家成人还有午睡习惯之外，许多国家不再有午睡，这是因为学校教育以及工作场所的劳动已经成为现代人的基本生活节奏。有些人对保育园一律睡午觉持批评的态度，然而，完全不睡午觉在生理学上并不一定是好事。”

必要的睡眠时间因人而异，对于早醒的孩子，没必要强迫他们躺在那里。

榊原洋一教授还指出，“现在正在开展以调整孩子睡眠节奏为目标的‘早睡早起吃早饭’运动。其背景是因为有深夜营业的

早醒的孩子可以在与睡觉的孩子不同的房间玩。

便利店、深夜电视节目等满足大人生活需求的社会环境。将孩子们卷入这样的大人生活不是一件好事。但是，仔细想来，必须早睡是因为‘早晨必须在规定的时间（比如7点）起床，在上班前将孩子送到托儿所或幼儿园去’，‘必须充分确保孩子的睡眠时间’这两个理由”。榊原洋一教授提出质疑，为什么要让孩子服从家长的时间？他提议，“有关睡眠节奏的问题，是人体睡眠机制和人类人工形成的社会生活节奏之间的夹缝中产生的问题。为了解决这个问题，需要对睡眠以及对孩子的生活时间这两方面进行社会科学研究”。

婴儿需要什么样的睡眠？需要多长时间的睡眠？对这些问题的解答有待于今后的科学研究，至少人们认为是必要的。人们认识到，在必要的睡眠时间上因人而异。包括年长儿童在内，在婴幼儿保育设施中，午睡都是需要的。对于是否要所有的孩子都在规定的时间内一起午睡我持怀疑态度。午睡的必要性和必要的午睡时间因人而异，同时，还会因每天的活动内容而异。在我们保育园里，2岁孩子需要同一时间午睡，而在起床的时间上保障了个人差别。不必强制孩子睡到规定的时间。婴儿自己的身体会知道自己所需要的睡眠量。为了不影响睡觉孩子的睡眠，需要为早醒的孩子准备好活动的空间。

玩

◆玩的意义

大人发挥自己作用的行为是“工作”，而孩子则是通过“玩”发挥自己的作用。对于孩子来说，“玩”是一件非常有趣的事情。即使他们并没有想学什么或者想如何发育，而兴趣本身会与学习联系在一起。据说，每一次听、嗅、尝、闻、触等运用五感的动作，都会把增加脑和神经细胞连接部位的信号发送给大脑25次。如果玩得高兴，对大脑发育有好的影响。同时，这种玩的重复，会进一步强化脑和神经细胞连接部位。每当孩子们发现新事物，对其感兴趣，都会反复刺激神经。研究表明，不能全身心投入玩中的孩子的脑比一般孩子小20%～30%，容易出现孤独、胆小、软弱等症状，有缺乏社会性、缺乏技术能力、缺乏自信、性格内向的倾向。

大人认为玩是非常单纯的活动，然而对于孩子来说玩却是非常重要的活动。在玩中，孩子之间的接触会刺激大脑。孩子们组

孩子反复玩自己喜欢的游戏可以对大脑发育产生好的影响。

儿童权利公约

为保障儿童的基本人权而制定的国际公约。这里的儿童指年纪在18岁以下的儿童。该公约由序文和正文共54条构成，对实现和确保儿童的生存、发育、保护、参加等综合权利进行了具体规定，在1989年第44届联合国大会上通过，1990年生效。日本在1994年批准了该条约。

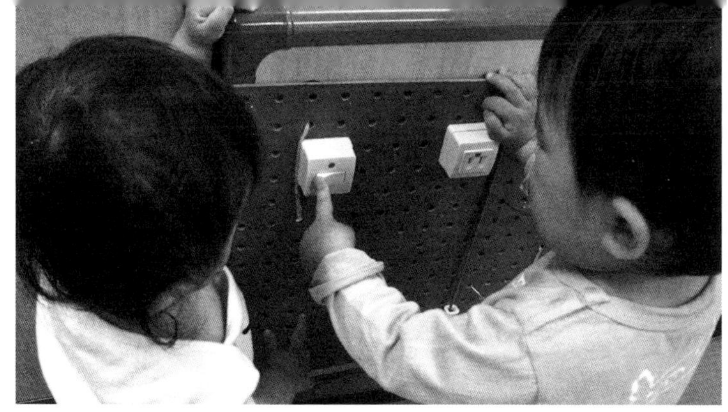
孩子的“学习”始于模仿，是在玩的过程中实现的。

成集体，在一起玩得尽兴，对孩子的发育是必不可缺的。儿童权利条约第31条中规定了“休息、玩的权利。”“签约国承认儿童的休息及业余活动的权利，以及自由参加符合儿童年龄的玩及业余活动、文化生活和艺术活动的权利”。为了保障这些权利，在保育设施中，需要给孩子们准备符合他们年龄的游戏。不是按照便于管理、没有危险、清洁等大人的意愿来决定，而是要考虑如何做对孩子有益。不要考虑孩子的喜好，而要考虑玩对孩子成长的重要性。

孩子的“学习”是在玩的过程中实现的。从玩中学习则始于对其他孩子动作的模仿。“学习”这个词，是由“模仿”→“模仿学习”→“学习”演变而来的。保育员应根据对每个孩子的了解，营造能够实现希望孩子经历的内容这一目的的环境，让每个孩子在这个环境中完成符合自己发育的生活。如果孩子有需求，能够对应孩子的需求，表明自己永远站在孩子立场上守护孩子，这一点非常重要。

对于孩子来说，“符合他们的生活”指的是保育园中的哪些生活呢？仓桥惣三认为，其基础就是“玩”，玩在“主体性活动”之中。“玩”对于孩子来说，是“生存”，是“成长”，是“生存”“生活”的“活动”。现在，在婴幼儿保育的教科书中，都将“玩”定位为“婴儿生活的全部”。“玩”集中了许多婴儿以及所有孩子的“生存”要素。孩子的“生活”和“玩”是不可分割的。

仓桥惣三

日本幼儿教育的奠基人。1917年担任东京女子高等师范附属幼儿园（现为日本御茶水女子大学附属幼儿园）园长。他出于重视孩子自发性和心情的自然主义儿童观，重视自发性活动的重要性，参考约翰·亨里希·裴斯泰洛齐（Johann Heinrich Pestalozzi，瑞士教育思想家）及弗里德里希·威廉·奥古斯特（Friedrich Wilhelm August Fröbel，德国教育家）的教育理论，提倡诱导保育，主张对孩子“自发成长的能力”给予各种刺激，精心打造能够诱导孩子健康成长的教育环境。

◆玩具

对于孩子来说，最好的玩具就是大自然中的火、水、木、土。本来应该将这些东西放在公园里，让孩子们自由地接触。

而现在公园的状况是怎样的呢？土，在雨后会泥泞，人们不喜欢。而玩火玩水会因为有危险而被禁止。虽然有修剪过的树木，但是又不能使用废弃材料将秘密基地建在树上。虽然有水，也不是自然的河流，绿地也都被混凝土固定起来。有蝌蚪和青蛙的积水，被认为不清洁而被清除。这些接触自然、可以刺激孩子五感的“好的游戏”，却因为不易管理等大人方面的原因，减少了孩子们体验大自然的机会。

玩具是孩子成长过程中不可缺少的道具。

因此，在保育设施中就必须保障有替代这些东西的“好的游戏”。为婴儿准备可以刺激五感的玩具。这些东西必须是有手感、可以发出声音、可以闻到味、可以盯住看、可以四处看、可以保障安全的东西。

玩具还可以培养孩子的想象力，是实现学习、使用、管理、创造、发明的重要手段，是成长过程中必不可少的工具。

1岁以后，孩子学会比拟各种东西。比拟是指对眼前没有的东西的想象力、印象力。在这个时期，需要准备的不是具体的、有形的玩具，而是有益于发挥想象力和印象力的东西。比如用积木堆成电车和汽车玩，对于孩子的发育非常重要。

做过比拟游戏的孩子，在身体各种能力发育过程中，会对周围事物和场所等发生兴趣，开始探索活动。探索活动中“刻骨铭心”的事情会在心里留下很深的印象，孩子们在心里描绘这些印象，他们的玩就会发展为最初期的模仿游戏。

◆模仿游戏

对于孩子来说，玩伴具有与家长不同的重要作用。在自由玩耍中，小伙伴的刺激具有特殊的魅力。这是因为，“小伙伴玩的场面比大人更具有应答性、持续性、煽情性。”“小伙伴的活动及应答比大人更新奇、更有趣。”“因为与小伙伴处于相同的发育阶段，比大人的行动更容易模仿”，等等。

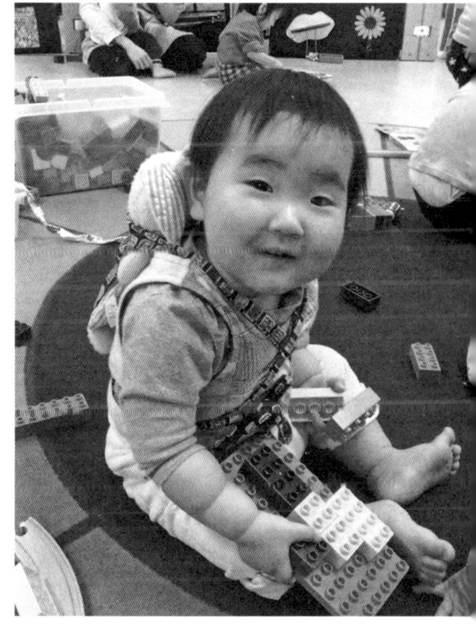

背着布娃娃，自己也当起了妈妈。孩子最容易模仿的是身边大人的行为。

孩子学会比拟后，则开始过家家，过家家就是模仿大人所做的一切。作为模仿游戏基础的印象力，一般在1岁半左右时开始形成。随着身体各种能力的发育，1～2岁的孩子开始扩大对各种事物和场所的兴趣，出于对未知事物的关心开始探索活动。这些探索活动则会进一步丰富印象力。探索中有预测、有期待，是对模仿游戏的一种准备。从充满活力的探索活动中诞生抽象游戏，对各种事物感到不可思议，在触摸和确认过程中，在心里描绘，留下深刻印象，开始了最初期的模仿游戏。

从比拟游戏到模仿游戏的过渡具有十分重要的意义。比拟游戏指的是学着使用杯子喝水，将积木堆成某种食物模仿吃饭，是只有有了对眼前不存在的东西的想象力、印象力才诞生的游戏。1岁左右的孩子的游戏，会模仿大人拿着包去买东西，会将娃娃背在身上到处走。这些行为可以是生活习惯的再现、可以是对身边大人的口头语的模仿。在比拟游戏转变为模仿游戏的过程中，会从一个人玩变为几个伙伴一起玩。

为爬行和刚会走路的孩子准备的玩具。
分类放在不同的地方。

用照片详细标示。
婴儿也知道里面放了什么。

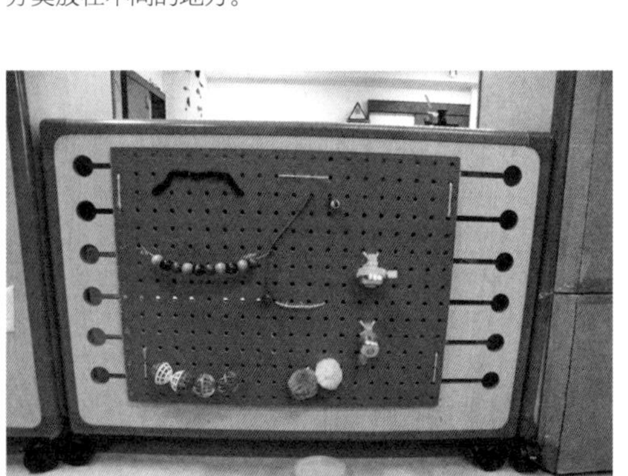

五感发育先从触觉开始。
除了感受触觉的快感，还锻炼手指的灵巧。

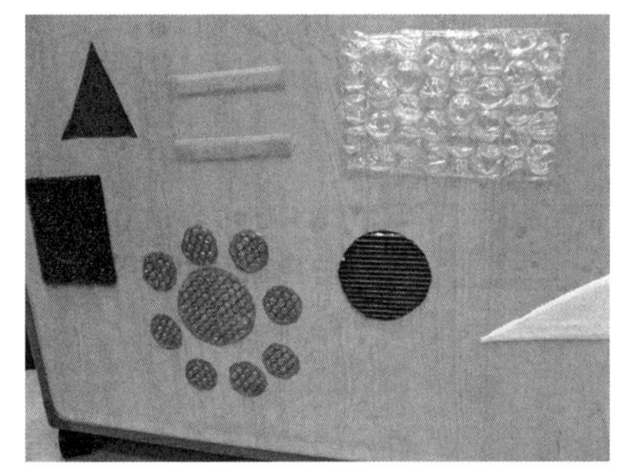

柜子背面做成手工玩具。
可体验包装材料及人工草坪等不同材质的感觉。

贴上和摘下带双面胶的小汽车，以促进手指动作的发育。

孩子玩的手推车玩具，左边两个是手工制作的。

到了1岁左右，孩子在玩的时候会加入语言，玩的世界会更加丰富多彩。孩子受到其他孩子日常生活的比拟和行为的启发，自己也想尝试做同样的事情。从中体验将印象联系起来的快乐，然后与伙伴共有这个印象，开始考虑在自己印象中的游戏里有别的孩子参加。然后将自己游戏中的印象用语言和行为传递给其他孩子，与其他孩子共享这个印象，一起玩，这就发展成为过家家。孩子喜欢过家家游戏，是因为容易与小伙伴之间、母子之间、母亲的家务、父亲的存在等拥有共同印象。

过家家和模仿游戏用的玩具和用具

准备了各种缝制动物做玩具。右边盒子装的背带。

为个子矮的婴儿准备的小型厨具。

积木和拼块可以使模仿游戏更加丰富多彩。

孩子集体

◆对婴儿而言的伙伴关系

人们往往会认为，婴儿时期是大人在单方面照顾孩子，而事实并非如此。因为有手指，人类与其他灵长类动物一样，具有“拥抱”“抓”的行为，但这是家长与孩子主体性关系才有的行为。同时，这只有人类才有想在母子之间保持距离。婴儿在母亲怀抱却反抗着想要自立，这种行为对母亲来说会减轻抚育孩子的负担。这时，“人”“物”“地点”等社会性及文化性的因素参与进来，会使这种分离稳定地进行。如果把焦点集中在其中的“人”上，则伙伴关系在社会性技能、能力的发育上是最重要的。

3个1岁的孩子并排在读不同的书。其中一个孩子走到书架那里，取回了另外一本书。受他的影响，另外两个孩子也会去取别的书。一个孩子已经取了另外一本书回来了，而最后一个孩子却总是选不出新书，在那里犹豫不决。最初的两个孩子会等最后的孩子回来，再重新开始读书，他俩担心地看着最后的孩子选书，一直等在那里。好不容易最后一个孩子选好书回来了，于是三个人又非常高兴地开始读各自的书。一起读书，并不是大家读同样的书，而是在同一个场所大家各自读着不同的书，对于孩子们来说，大家共有这个场所本身就是一件快乐的事情。同时，共有这个场所是一种有效的学习，可以不断看到周围孩子的读书方法。

婴儿也可以通过绘本体验伙伴关系。将绘本放在孩子容易拿到的位置，将封面露在外面。

将孩子们喜欢的图画书一页一页地放在镜框里。可以抱着孩子讲给他们听。

即使在婴儿期，婴儿与大人的关系也不能代替婴儿与婴儿之间的伙伴关系，因为这是本源性的、是人种生存必不可缺的。“出生后6个月的孩子也会通过发声、接触、微笑等在两个人之间交流。”“与喜欢其他人相比，婴儿更喜欢小伙伴。”“7个月的孩子看到不认识的成年人和不认识的孩子接近时，对成年人呈现负面反应，而对孩子呈现正面反应。”“最迟在两岁之前，孩子就不再一个人玩，就会选择小伙伴玩，而不是选择母亲或成年女性。”“在1岁孩子与人交往能力的发育过程中，连续3个月与孩子接触非常重要”。早稻田大学人类科学学术院根山光一教授就婴儿与婴儿的伙伴关系如是说。

从婴儿开始就需要建立与各种人的关系，尤其要有发育程度不同的小伙伴。

长期以来，人们一直认为婴儿时期孩子与母亲的关系非常重要。只有母亲才是孩子的伙伴，即使是母亲以外的抚养人，也可以代替母亲使孩子情绪稳定。对于婴儿来说，母亲是一个特殊的存在，与特定的人人之间的关系肯定很重要。但是，并不是只有母亲、特定的大人就可以了。其实在婴儿与各种人的关系中，尤其需要有孩子与孩子之间的关系、需要有小伙伴。

mimamoru hoiku

颜色·形状·触摸·数字

◆认知体验的必要性

根据用途，将擦东西的毛巾以不同颜色区分，给孩子创造识别颜色的机会。

什么颜色的毛巾应该擦什么地方，孩子们根据颜色可以一目了然。

现在，任何人都知道婴儿具有很高的能动性。保育员不需要“有意识地让孩子与其互动”，而只需“准备好引起孩子兴趣和关心的环境”。原来人们一直认为孩子是没有能力的，需要大人的庇护，如果没有大人的诱导，则不能学到很多东西。创立儿童花园的福禄贝尔通过观察孩子们的活动，构筑起了孩子的形象。他认为，“孩子自出生时起，就具有创造性，和所有事物有着密切的关系，就想要知道事物之间的相互关系，以及与其他人的关系。”“孩子具有将自己感受到的东西以及内在的东西向外部表达的能力”。这一观点，是他根据对孩子的观察而得出的结论，完全能够说服在保育现场了解孩子现状的保育人员。福禄贝尔认为，“为了孩子们在玩的过程中正确理解他们感兴趣的东西，以便更自由地表达，需要让他们正确认识所有的形状、颜色以及数字”，根据这一观点，导入了对“数”的认识。但他认为不应该作为早期教育让孩子去学习“数”。与“数”并列的还有“形状”“颜色”，这些在结果上都会与以后的“算术”结合。同时，被称为恩物的教具不是用来教授什么的，而是“发现孩子们的游戏规律是瞬间性的、不能长期持续的，做好一件东西，就会破坏它，破坏后再去做，如此反复，在这样的规律中诞生了环境这种‘东西’”。能够帮助孩子游戏以及表达的玩具，可以让孩子不断萌发创作欲望。玩具最好是具有基本形体的东西。

我们看到过能够证明1岁孩子也可以识别颜色和形状的有趣的场面。到了吃饭的时间，保育员在桌子上放上围嘴和擦手的小毛巾。孩子们根据颜色和形状的不同，从中找出自己的围嘴和毛巾，坐到座位上去。有一次，一个孩子没有围嘴。保育员打开那个孩子放东西的抽屉，去拿备用的围嘴。里面有好几条围嘴，颜色和形状均不一样。于是，保育员招呼那个孩子说，“到这里来，拿一条自己喜欢的围嘴”。孩子选出了自己喜欢的围嘴，从抽屉里拿出来，回到座位上。因为记住了颜色和形状，1岁的孩子也能从众多的围嘴以及擦手毛巾中找出自己的东西。他能够找出自己的东西，就说明1岁的孩子也能认识颜色和形状。

自然界有许多具有艺术形状的东西，孩子们会被其造型之美所感动。会为肥皂泡变成球球飞向空中的姿态、从宇宙俯瞰地球的姿态以及被花纹、形状之美所惊呆。到了红叶的季节，不仅从枫叶的颜色，也会从枫叶的数学形状感觉到大自然不可思议的力量。孩子们也常常会被昆虫身体的颜色及形状吸引眼球。为什么熊猫以及麒麟身体的图纹会这样具有艺术性呢？人体各部位的尺寸就好像是经过了精确计算，我们常常会惊叹其了不起。认识形状的不同会发展为认识文字。因此，从婴儿时期开始让孩子充分体验不同的形状十分必要。

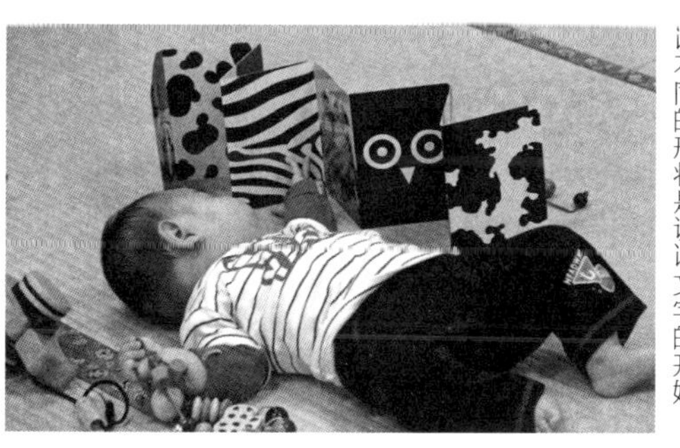

婴儿更喜欢反差明显的图案。认识不同的形状是认识文字的开始。

我的围嘴是哪个？可以根据颜色和形状找到。

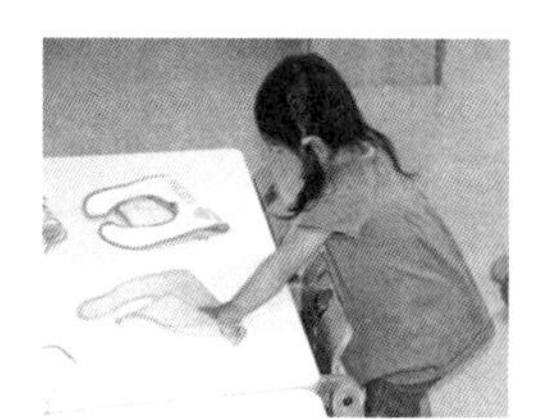

有了！这个是我的。

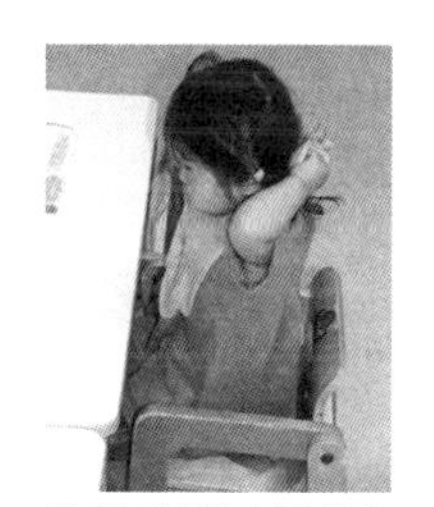

我自己能带上围嘴啦！

弗里德里希·威廉·奥古斯特·福禄贝尔

德国婴幼儿教育的鼻祖。他确信促进自发性活动才是幼儿教育的目的。他创造的教具“恩物”在勃兰根堡（Bad Blankenburg）那所世界最早的幼儿园（儿童手工教习所）使用，将幼儿教育发展为创造性活动。他将此称为“儿童花园”，即后来的幼儿园。

共视

◆共同注视

背着孩子可以使孩子的视线与大人的视线一致。

最近，又开始流行“背孩子”了。有了非常容易解开的婴儿背带也是其中的一个原因。有一段时期，人们认为婴儿面对着妈妈比较好，因此改背为抱，婴儿车从婴儿目视前方改为与母亲面对面，流行了一段时间。但是，也有人认为，以前婴儿是由母亲背着的，母亲所做的一切，孩子都可以看见，可以与母亲一起体验母亲所做的事情。“人类是共同进食的动物”，共同进食这种行为之所以重要，是因为孩子可以非常自然地在饮食行为、饮食文化以及与人的关系中理解自己和他人，获得发育。不是母子面对面地吃饭，而是母亲与孩子一起看着他人的行为，这一点十分重要。这就是所谓的“共视（共同注视）”，与“共食”一样重要。背着孩子符合共视的原理。

婴儿如果没有他人的照顾则无法生存。因此，婴儿会想方设法让人照顾他。婴儿的外表会给人一种情不自禁地想照顾他的姿态和表情。还有一个就是黑眼球对视。婴儿有时候会与母亲或照顾他的人对视，目不转睛地对视。从事婴儿社会性研究的东京大学研究生院远藤利彦准教授在《婴儿学习能力展示Vol.1》“婴儿的社会性发育”中写道，“看着婴儿与抚养人等以目传神会感到非常温暖，从婴儿的角度来看并不是有意识地在这样做。就好像是半自动地对他人的眼睛和视线等动作的一种反

mimamoru hoiku

射，由此建立起最初期的交流。同时，在这种封闭式的、两个人‘对视’的关系中，自然地引起心理上的共鸣”。

发育心理学的研究表明，将母子关在实验室中，可以集中观察相互注视这个行为。远藤利彦准教授认为，婴儿实际上在半岁之前就已经试图与几个人同时交流了。母亲和父亲一起和婴儿说话时，婴儿在与母亲热情交流的过程中，有时也会向父亲送去视线或表情。这种情景宛如三个人在一起快乐地对话。

婴儿需要的不仅仅是母子对视，而在很早的时期就需要有与几个人交流的体验。同时，“共视”也十分重要。通过这些行为，可以扩展发育的可能性。“婴儿通过追踪他人的视线，可以知道他人的注意力转移到哪里，他人视线集中的地方，有哪些值得关注的东西，或者在思考一些什么东西，在说些什么。尤其在婴儿开始学习语言的初期阶段，这些起着非常重要的作用”。语言是人类向别人转达意愿的工具，为了有效地使用这个工具，知道对方视线在何处非常重要。首先要练习知道他人视线的方向。同时，因为语言可以意味着某些东西，表达某种行为，在大人用语言说明这些东西时，需要和大人一起看着这些东西。

他们怎么看得那么认真？知道对方视线的所在是学习语言的开始。

◆社会性参照

“共视”不仅仅意味着一起看，还可以传递对看到的事物的感想或想法。远藤利彦准教授这样写道，“在读懂心理活动的过程中，与视线起到同等重要作用的是面部表情和声调等。我们日

常在看什么的时候，特别是在看那些与自己关心的事物有着密切关系的东西时，经常会情不自禁地在脸上浮现出表情，或者发出声音来。旁边的人看到这些时，会比较容易感觉到我们当时的心情”。借助视线与表情，去读懂心情或者推测意思，这种行为在心理学上叫作“社会性参照”。这种行为在其他灵长类动物中也可以看到，而人类的这一能力特别突出。有人认为，人类能够掌握如此多的知识，也许就是通过这种“社会性参照”才获得的。

坐在飞机上，当飞机发生剧烈摇摆时，我们会去看乘务员的表情。看到他们面部表情很镇静时，会感到安心。同样，婴儿到了1岁左右，看到不认识的人时，会去看母亲的面部表情，以判断那个人是不是可以放心的人。看到第一次看到的食物或者闻到第一次闻到的气味时，也会通过观察人的视线或表情来感觉是好是坏。这是一种非常有效的学习方法。但有时这些会成为先入为主或固有印象，产生喜好或厌恶。

“共视”以及“社会性参照”发育的下一步，是婴儿将自己关心的东西用手指着以引起别人的注意，开始自发地表达自己的心情。当希望你看什么，希望你去取什么时，不仅用手指，还会将自己高兴、惊讶的感想与别人分享。这是在发出“一起看呀”的信号。

当我出现在0～1岁班级时，对我感兴趣的几个孩子就会走近，拼命想要自我表达些什么。熟悉一些的孩子就会伸出手来让你抱他，这是一些尚未将心托付给我的班级的孩子。

有时，孩子会指着什么来表现自己。但他们手指的方向却什么也没有。而且当我朝着手指的方向看时，孩子却又改变了手指

向通过的电车挥手。和孩子一起看相同的东西，拥有相同的心情。

的方向。希望看他自己时，他会指向自己，有时也会指向别的地方。

保育员没有必要和孩子面对面地一起玩，而只需要和孩子在一起，看着孩子玩即可，这一点很重要。偶尔孩子回过头来确认保育员是否在看着自己时，保育员则需要表现出“我正在和你看相同的东西呀！”“真的很有趣”，重要的是要与孩子的玩产生共感。

用手指的行为包含了孩子的许多意思。

最初的适应保育期间，家长可以和孩子一起来保育园，熟悉保育园的空间环境和人的环境。

mimamoru hoiku

适应保育

◆“共视”与社会性参照

孩子进保育园的最大问题，就是如何让孩子熟悉保育园这个空间环境和保育员这个人的环境，因为这些会造成情绪不稳定或影响发育。为了能够让孩子熟悉保育园这个空间环境和人的环境，我们准备了充分的时间让孩子们熟悉。但是，最近因为家长工作的原因，不可能有更多的适应保育时间。因此需要在方

母亲的安心感会感染孩子，以便让孩子在短期内适应保育园的生活。

法上下些功夫，让孩子适应保育环境。

因为出生时间太短，婴儿可以自己体验的量是有限的。但是，我们知道可以让婴儿在短期内有更多体验的方法，那就是“共视”以及“社会性参照”。可以借助自己所信赖的人的视线和表情，来读懂他人的心情和推测意思。初次见面的人是什么样的人，可以根据自己信赖的人与那个人接触时的表情来判断。同样，判断是否是一个可以安心的场所，也可以通过自己所信赖的人在那个场所时的表情来判断。如果“适应保育”期较短时，不是让婴儿去习惯保育园这个场所，而是让家长知道保育园是可以安心的场所，保育员是可以信赖的人即可。家长的安心感可以传递给婴儿。当然，前提是让家长和婴儿一起度过这段时期。其中，家长之间的信息交流也可以消除这些不安因素。

发育

◆对发育的看法

我认为，人的发育不是呈直线形的，需要通过一生去捕捉发育的变化。环境会影响变化，改变变化的形态。由于环境的不同，发育的时间会有早有晚，发育状况会有所不同。曾耳闻有关被“监禁”孩子的报道，他们被放在整天见不到阳光、不接触人、不能活动的环境里，即使年龄增长，身长也不能正常发育。

在人类进化的过程中，什么样的环境比较舒适？怎样更适合生存？应该有新鲜空气，干净的饮水，气候温暖，食物丰富，环境安全，存在适量人数的集体等条件。那里是受保护的伊甸园，是“花园”。但是，大自然并非如此理想。人类需要经受各种考验，而人类也不是那么软弱。在考验中，其他人种灭亡了，只有我们的祖先“智人”存活下来，逐渐进化成“人”。

保育设施中的所有地方都必须是援助孩子发育的环境。要照顾到每一个孩子的发育状况。

同样的情况也适用于发育。人类从胎儿时期开始，就有了将来所需要的能力的萌芽。同时，还会创造能够发挥那些能力的环境。胎儿的运动是从受精后8周左右开始的“胎动”。当然这是胎儿本身的发育，同时还有可以使胎儿活动的环境，也就是羊水的形成。如果没有准备保障发育的环境是不能发育的。如果保育是一种支援孩子发育的行为，那也是通过环境而实现的，这一点非常明确。因此，保育员需要为孩子们准备好环境。

墙上贴着图，教给孩子如何使用厕所。

在这样的环境中，各种能力得到发育。出生几年后，必要的大脑神经细胞及神经回路会得到完全发育。然后，逐渐地留下必要的东西，完成整合。发育不是直线上升的行为，而是经过分叉、整理，使得每个行为变得高度成熟。

例如，认为发育是直线上升的观点认为，婴儿首先是先会翻身，然后会爬，然后扶着东西站立。其实，学会翻身的婴儿一直在翻身，只不过先是用脚翻身，然后用身体翻身，那是因为翻身的目的有了变化，不是直线形的，而是变化的。爬行也不是从复杂的爬行动作开始的，很可能有时还不如开始时爬得好。走路也是逐渐完成的。先学会走直线，逐渐学会快走，学会走高低不平的路。但那也只是到一定的年龄，年龄再大一些反而会走得不稳。人们认为，爬行是生来就做好了爬行的准备，到了某一个时期，开始出现爬行这一行为。同样，走路也是从胎儿时期就开始了练习，到了某一个时期就出现了走路这一行为。其后，随着年龄、环境等发生变化。这些行为都是各自独立的，从翻身到爬行，从爬行到走路，并不是事先连续准备好的。

庭院中摆放着大石头。德国的保育设施还特意为孩子们准备了危险的环境。

从婴儿时期就准备好有益于社会性发育的环境。

两个孩子为自己收拾好了东西高兴地拥抱在一起。

◆促进孩子发育的环境

对于社会性的萌生也一样。玩的发育是从一个人玩，平行玩，到参与玩这样变化的。婴儿时期属于一个人玩的时期，没有必要与其他孩子一起玩。平行玩的时期，即使孩子们在一起，也不参与别人的游戏，因此需要准备平行玩的环境。然而，社会性却可以从胎儿时期，以及出生后不久的婴儿时期开始学习。原来认为婴儿时期与特定的大人的关系十分重要，仅仅培育与大人的二者关系即可，所以在保育园采取分工负责制，这些观点均需重新审视。这种保育的结果，成年后会在社会性方面出现障碍。

在婴儿保育中，孩子的发育过程只不过是一个指标，需要很好地看到每个孩子的发育状况，分析他在这个时期需要什么样的环境，需要什么样的刺激，准备比这个时期稍稍超前一些的环境。每个孩子的发育并不是到了那个年龄就突然出现了，而是有一个准备阶段。在准备阶段也要准备好促进发育的环境，不能因为社会性是从3岁左右开始出现的，就在3岁时才把孩子放在集体中，而应该在婴儿时期就要准备好促进孩子社会性发育的环境，让孩子接触各种人。我们需要有意识地按照孩子的发育阶段，为孩子准备好适合孩子发育的环境。

MIMAMORU

理解婴儿

mimamoru hoiku

对发育的理解

◆胎儿的发育

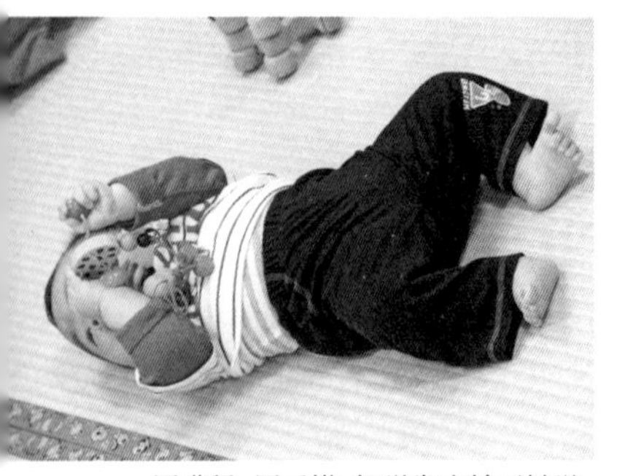

用嘴舔，用手摸，知觉发育始于触觉。

有关从胎儿时期开始的婴儿发育，日本婴儿学会理事长小西行郎曾经在他的著作《理解有发育障碍的孩子》[①]中做了详尽的论述。他认为，婴儿从胎儿时期就开始运动了，运动分为两种：一种是受精后第8周左右开始的“自发性运动”；一种是受精后第13周左右开始的“反射”。所谓“自发性运动”，是指可以让身体流畅活动的综合运动，而“反射”指的则是与自己的意愿无关的不随意肌引起的动作。在“反射”运动中，有众所周知的“原始步行”以及“握手反射”等。但是，在胎儿时期，只要子宫壁碰到身体，胎儿就会自然地紧紧握住手。胎儿可以非常巧妙地运用这两种运动，使自己的整体运动功能得到发育。

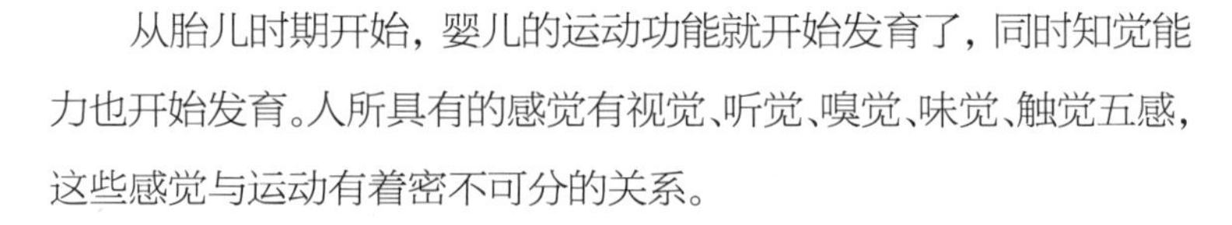

从胎儿时期开始，婴儿的运动功能就开始发育了，同时知觉能力也开始发育。人所具有的感觉有视觉、听觉、嗅觉、味觉、触觉五感，这些感觉与运动有着密不可分的关系。

笑容是婴儿的能动性表现。

除此以外，胎儿的发育还有一个特点，那就是最早开始的知觉是“触觉”。在受精后第7周时，胎儿嘴的周围就形成了触觉受容器，从第10周左右开始，手的感觉受容器开始具备功能，可以开始吸吮

①《理解有发育障碍的孩子》，日本集英社，2011年。

手指。其触觉可以发育到与成人同等程度。“触觉”是构成使用手脚“接触运动”核心的感觉，胎儿在胎内期间，一直对别的东西施加着影响。

在胎儿期的“运动”与“知觉”的关系中，还有很重要的一点就是“运动和知觉的协调”。胎儿是自己找到自己的手指吸吮的。这种吸吮手指的行为是嘴有了对手指感触的一种行为。也就是说，手指和嘴这两个部位做到了协调动作。动作协调本身说明大脑和中枢神经回路已经逐渐形成。

从使用“触觉”开始的五感活动，是妊娠中期的最大特征。从受精后第23周左右开始有“嗅觉”，到第24周左右开始有“听觉”“痛觉”，会“眨眼”，到第30周左右开始有味觉，到第37周左右开始有体内生物钟。体内生物钟就是到了晚上会困，睡醒之前身体做好了醒来的准备等，是一种控制身体节奏的功能。在母体内，胎儿可以感觉到光的明暗。同时开始对甜味和苦味、声音的高低、舒服和不舒服有了感觉，这些感觉逐渐被植入运动中。

胎儿的各种运动和知觉的发育，当然是在为出生后做准备。比如有为呼吸所做的准备，有为吞咽食物所做的准备等。但是，要作为一个人生存下去还有一个重要的准备，那就是与他人进行交流。婴儿在许多方面需要父母亲的帮助，因此需要将父母的注意力吸引到自己这边，需要父母爱自己，照顾自己，这些都需要从婴儿开始能动地发起动作。

这种交流能力是以“自他认知”为基础的。自他认知是一种意识自己和他人的能力，是通过自发性的全身运动和外部刺激来认识“自己”和周围“自己以外的事物”的。

高兴、悲伤、惊诧、愤怒、恐怖……
在与人的接触中体会各种情感。

◆出生以后

胎儿在母亲肚子里就会在反复运动和知觉中，为维持生

体验各种情感，才会理解别人的情感。

命、为与他人交流、为认知自他做准备。当我们观察这些发育的准备时，就会知道人类是多么需要社会。就像为呼吸做准备一样，也需要做社会性准备。准备不仅仅是为了将来，这种准备过程本身也有着非常重要的作用：那就是“发育大脑”。通过运动或者认知，在大脑中形成“身体地图”。“身体地图”是指针对各种刺激，大脑分配哪个部分去感觉的一种作用分工。

就是这样，胎儿为自己诞生之后做着各种准备，这些准备中也有一些不实用的东西。因为还没有真正体验人世，有些部分还需要修正。出生后，婴儿会选择必要的东西，修正不必要的部分。这样的选择和修正是根据对周围环境的看、听、触、闻等五感刺激来进行的。最近的研究表明，这一系列的过程都是由遗传基因事先编好程序，在妊娠后期转变为本人有意识的学习。

人的“自他认知”在生存过程中非常重要，在与周围人的关系中经历各种“感情”是一种不可缺少的能力。高兴、悲伤、惊诧、愤怒、恐怖等感情，使婴儿出生后开始对周围事物感兴趣，使用五感扩展行动范围，在人与人的关系中学习。被别人称赞、被别人训斥时，根据对方的脸色及表情，婴儿都会知道自己的行动是否会受到欢迎，会学习到什么是正确的行为方式。逐渐学会预测对方的行动，理解别人的感情。

手眼协调，开始感知自己的身体。

有关这个时期孩子之间的作用的研究不多。在保育园实际观察婴儿时，我们发现1岁多的孩子就会与其他孩子分工，建立合作关系，这种学习是在0岁阶段盯着别的孩子看时就开始的。从那个时期的环境获得的体验，是在为真正适应集体生活所做的准备。

婴儿在出生后3个月左右开始，就会频繁地盯着自己的手看。这是一种被称为“手眼协调”的行为，据说这是“婴儿认知自己身体的开始”。婴儿发现自己眼前一直有手，他开始感受到当那只手在

动时，自己的那种独特的感觉后，婴儿知道了“自己的身体”，他感觉到眼前晃动的手可以按照自己的意愿活动，触摸自己身体以及眼前的东西时，他会去确认那种反馈回来的感觉。再往后，他就想去触摸睡在旁边的孩子的手和脚，那是他想去感受那不是自己身体的那种感觉。

对于这个时期的母子关系有许多研究，但还没有对睡在身边可触摸距离的婴儿的研究。在保育园里，可以观察到婴儿在这种状态下这些有着深远意义的行为。

mimamoru hoiku

未来的婴儿保育

◆对发育的思考

日本婴儿学会理事长小西行郎说过，“胎儿以及婴儿可以充分运用他们所具有的运动能力和知觉能力，自己进行探索和学习，勇敢地与周围环境互动、成长、发育。例如，原始反射现在也是发育学中值得重视的一个视点，而人类的原始运动却是综合运动所代表的‘自发性运动’。自发性运动在后来发展成为按照自己意愿活动的随意运动。如果不去有意识地、自发地‘学习’则无法成立”。

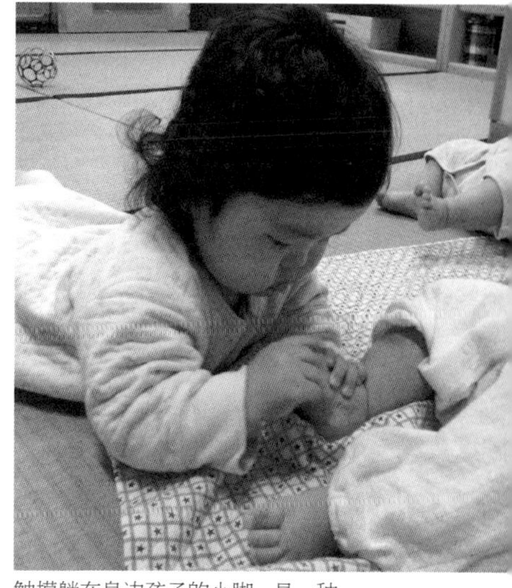

触摸躺在身边孩子的小脚，是一种确认自他的行为。

字典中对学习的定义是“通过各种体验为适应环境而变化”。学习还指“人为了更好地生存，以自己的意愿，努力提高知识、思考、技能、感性、情绪、运动等能力的行为”，其中，“以自己的意愿”非常重要。这也是小西行郎所表述的“根据自己的意愿”的同义语。

不要忘记，孩子的发育只有在以孩子自己的意愿与环境互动时才能实现。

人是通过自发性运动进行学习的。保育园保育指针第1章“婴幼儿发育”中指出，“孩子是在与各种环境的相互作用下完成发育的。也就是说，孩子的发育是以孩子迄今为止的体验为基础的，通过与环境的互动，通过与环境的相互作用，使自己有丰富的情感、意欲及态度，获得新的、能力的过程”。人是“自己行动，通过与环境的相互作用而发育的”。

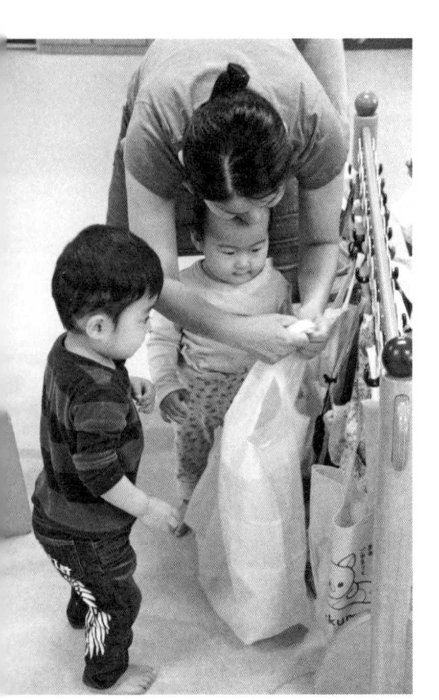

保育员应该与孩子共有想要自己做的心情。

在发育过程中，情绪稳定非常重要，这就需要“准确地把握每个孩子所处的状态以及发育过程等，在切实满足孩子欲求的同时，对孩子有应答性的接触和对话”，然后，“接纳每个孩子的心情，与孩子产生共感，建立起持续的信赖关系”。重要的不仅仅是满足孩子想要做事情的欲求，还要接纳孩子想要做事情的心情，与孩子想要做的心情产生共感。形式上的表扬，绝不会提高孩子自尊的情感。在这样的环境中，需要孩子“在与周围人的关系中，具备自己变化、自己成长”的充实感。同时，我们不能忘记，“孩子不仅仅是在与大人的关系中，也是在与周围孩子的互惠关系中成长的”。

人具有“利他性”以及“互惠性”的特征。利他性就是即使是对自己不利，但是对他人有利的事情也要去做，而互惠性的本质就是“感恩”。为什么人类会具备这样的本质呢？因为这些本质是形成高级社会所必要的品质。

◆理解孩子

在婴幼儿教育中，我一直反对整齐划一的指导，主张保障不同年龄孩子相互学习的环境。在婴儿保育中，我也提出，应该改变以母子关系为中心的两者关系模式，保障孩子在社会中成长的环境。小西行郎在《理解有发育障碍的孩子》一书中也提出了完全相同的看法，小西行郎认为，“孩子有‘孩子的世界’。孩子会自己制定规则，相互观察，相互模仿，结成集体，保持距离；会照顾别人，会打架，在经常变换玩伴的过程中成长。在关心他人、被他人关心的关系中，共同成长”。小西行郎的这些话，不仅仅适用于有发育缺陷的孩子，同时也适用于所有婴儿。

日本一直就有为了维护集体而“划一”的固执，对优劣的纠结，

在孩子的世界中，通过关心他人，被人关心，建立与各种人共存的关系。

向家长宣传孩子需要在集体中成长。
保育园和家长共同培养孩子。

过于热衷于经济优先等偏倚，这些偏倚体现在方方面面，形成了不易生存的社会。这不仅仅是原有的被社会排挤出去的群体的问题，还出现了因不景气而遭到解雇、受欺负、封闭自己等新的问题，这需要我们建设一个今后所有人易于生存的社会。因此，我们应该在“相同”与“不同”中提供社会性平衡，发挥这种平衡的力量，创造人与人之间具有多种多样联系的社会，这是非常重要的。为了实现这个目标，我们应该做些什么呢？小西行郎认为，“每个人都需要努力具备形成集体不可缺少的共识，最最重要的就是要努力实现与最终也达不成共识的人共存。他还认为，即使不刻意去做，在‘孩子的世界’里，通过玩形成宽松集体的过程中是可以建

立这样的关系的。孩子们在玩的过程中，即使打起架来，也会通过协商自己找到解决问题的方法，不论是个人，还是集体，都会因此而得到锻炼。”今后，我们应该去思考如何守护包括有发育缺陷孩子在内的“孩子集体”。

也就是关切“一个孩子”，关切“所有孩子(每一个孩子)”，很好地去评价“一个孩子”的成长，同时耐心守护“一个孩子”和“所有孩子”的关系。

小西行郎在他的著作中用这样一句话结尾，“我希望我们不仅仅是孩子的管理者，”同时“也作为孩子的理解者，来守护孩子的发育(孩子世界)”。

与这句话同义，我用“守护三省”表达我的保育原则。同时，作为对新的婴幼儿保育工作者的期待，我用“守护三省”作为本书的结语。

三省（每天三次反省自己的行为）

○你能够完全相信孩子吗？

（相信孩子具有自己成长的能力，相信孩子具有完整的人格，接纳孩子，守护孩子）

○你在用真心接触孩子吗？

（守护孩子，传递你的人格，以毫无虚伪之心去接触孩子）

○你能够很好地守护孩子吗？

（相信孩子，真心相待，才能很好地守护孩子）

图书在版编目(CIP)数据

0~2岁的保育：在伙伴关系中培养孩子的能力/(日)藤森平司著；孔晓霞译. —北京：当代中国出版社，2014. 6
ISBN 978-7-5154-0470-7

Ⅰ. ①0… Ⅱ. ①藤… ②孔… Ⅲ. ①婴幼儿—哺育 ②婴幼儿—早期教育 Ⅳ. ①TS976.31 ②G61

中国版本图书馆CIP数据核字(2014)第114038号

版权合同登记号　图字：01-2014-3753

出 版 人　周五一
责任编辑　李一梅
责任校对　方　宁
装帧设计　胡　凯
出版发行　当代中国出版社
地　　址　北京市地安门西大街旌勇里8号
网　　址　http://www.ddzg.net　邮箱：ddzgcbs@sina.com
邮政编码　100009
编 辑 部　(010)66572264　66572132　66572154　66572434
市 场 部　(010)66572281 或 66572155/56/57/58/59 转
印　　刷　北京宝昌彩色印刷有限公司
开　　本　787×1092 毫米　1/16
印　　张　8.25 印张　插图161幅　80千字
版　　次　2014年6月第1版
印　　次　2014年6月第1次印刷
定　　价　36.00元